高等职业教育装备制造类专业新

电机与电气控制实训教程

主 编 李 楠

副主编 徐 凯 王 璐 陶 帅 孙 建

参 编 洪 文 姜海涛

北京理工大学出版社
BEIJING INSTITUTE OF TECHNOLOGY PRESS

内 容 提 要

本书编写以企业岗位工作任务为依据，突出基本技能和综合职业能力培养，包括常用低压电器的拆装与检测、三相异步电动机控制电路装调、直流电动机控制电路装调、电动机的拆装与检修、典型机床电气电路装调与检修五个典型项目。各项目内容均从工作任务角度进行阐述，注重理论联系实际，通过对典型应用实例进行分析，强化对学生职业能力的培养与训练，以期培养学生分析、解决生产实际问题的能力，突出了职业教育的特点和优势。

本书主要供电气自动化技术、工业机器人技术、机电一体化技术、智能控制技术等专业学生使用，也可供相关行业从业者及自学者参考。

图书在版编目（CIP）数据

电机与电气控制实训教程 / 李楠主编 .-- 北京：
北京理工大学出版社，2023.1（2023.2 重印）
ISBN 978-7-5763-1783-1

Ⅰ . ①电… 　Ⅱ . ①李… 　Ⅲ . ①电机学—教材②电气控
制—教材　Ⅳ . ① TM3 ② TM921.5

中国版本图书馆 CIP 数据核字（2022）第 195539 号

出版发行 / 北京理工大学出版社有限责任公司

社　　　址 / 北京市海淀区中关村南大街5号
邮　　　编 / 100081
电　　　话 / （010）68914775（总编室）
　　　　　　（010）82562903（教材售后服务热线）
　　　　　　（010）68944723（其他图书服务热线）
网　　　址 / http://www.bitpress.com.cn
经　　　销 / 全国各地新华书店
印　　　刷 / 河北鑫彩博图印刷有限公司
开　　　本 / 787毫米×1092毫米　1/16
印　　　张 / 13.5　　　　　　　　　　　　　　　责任编辑 / 陈莉华
字　　　数 / 325千字　　　　　　　　　　　　　文案编辑 / 陈莉华
版　　　次 / 2023年1月第1版　2023年2月第2次印刷　责任校对 / 刘亚男
定　　　价 / 42.00元　　　　　　　　　　　　　责任印制 / 王美丽

FOREWORD 前 言

　　我国高等职业教育的根本任务是培养适合我国现代化建设和经济发展的高等技术应用人才，所以高职教育教学过程中应根据专业要求将理论与实践联系、知识与能力有机地结合起来，达到学生学以致用的目的。本书正是这样一本注重技术应用训练，以项目为主线、以具体工作任务为载体、以相关实践知识为重点的教材。

　　本书以职业岗位能力需求为依据，系统地介绍了电动机常见故障及处理、常用低压电器检测、电动机控制电路装调、典型机床控制电路分析及故障排除方法。教材内容主要包括五个项目：项目一为常用低压电器的拆装与检测，项目二为三相异步电动机控制电路装调，项目三为直流电动机控制电路装调，项目四为电动机的拆装与检修，项目五为典型机床电气电路装调与检修。每个项目的设计均从实际工作任务出发，并配以微课等资源，培养学生解决生产实际问题的能力，提高学生的专业技能。

　　本书项目一、项目二由辽宁建筑职业学院李楠编写；项目三由辽宁石化职业技术学院孙建编写；项目四由辽宁建筑职业学院王璐、陶帅编写；项目五由辽宁建筑职业学院徐凯、洪文编写；中国能源建设集团东北电力第一工程有限公司姜海涛工程师对本书的编写给予了企业方面的指导。

　　本书在编写过程中参考了很多文献资料，编者谨向这些文献资料的编著者表示衷心的感谢。由于编者水平和实践经验有限，加之时间仓促，书中疏漏和不足之处在所难免，恳请广大读者批评指正。

编 者

CONTENTS 目录

CONTENTS

项目一　常用低压电器的拆装与检测

学习目标

1. 具有认识、合理选择、使用常用低压电器的能力。
2. 具有对低压电器进行拆装的能力。
3. 具有对低压电器进行检测的能力。
4. 具有严谨认真、精益求精的工匠精神。
5. 具有安全意识、责任意识、爱岗敬业、无私奉献的劳动精神。
6. 具有良好的团队协作精神。

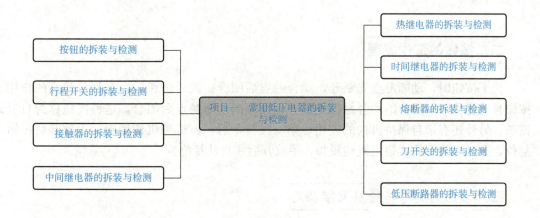

任务一　按钮的拆装与检测

任务描述

观察按钮的基本结构，拆装、检测一只按钮，观察其内部结构，确定触点状态。

相关知识

按钮是一种手动且一般可以自动复位的主令电器，主要用于控制系统，用来发布控制命令。

一、按钮的结构

按钮的结构示意如图 1-1 所示，一般由按钮帽、复位弹簧、动触点、静触点和外壳等组成，通常制成具有常开触点和常闭触点的复式结构。

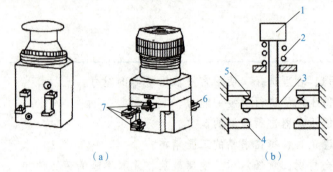

图 1-1　按钮

(a)外形；(b)结构示意

1—按钮帽；2—复位弹簧；3—动触点；4、5—静触点；6、7—接线端子

二、按钮的工作原理

按下按钮时，动断触点先断开，动合触点后闭合；放开按钮后，在复位弹簧的作用下按钮自动复位，即闭合的动合触点先断开，断开的动断触点后闭合，这种按钮称为自复式按钮。另外还有带自保持机构的按钮，第一次按下后，由机械机构锁定，手放开后按钮不复位，第二次按下后，锁定机构脱扣，手放开后才自动复位。

三、按钮的图形符号及文字符号

按钮的图形符号及文字符号如图 1-2 所示。

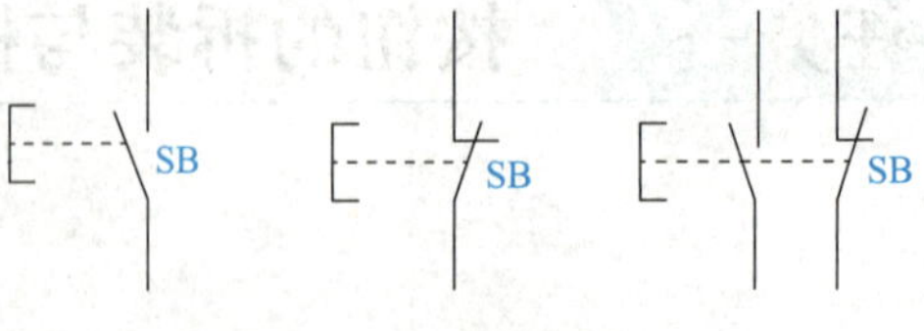

图 1-2　按钮的图形、文字符号

四、按钮的型号含义

目前使用比较多的有 LA4、LA10、LA18、LA19、LA20 等系列产品，其型号含义如图 1-3 所示。

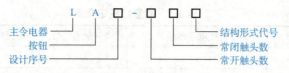

图 1-3 按钮型号含义

五、按钮的选择与使用

按使用场合、作用的不同，通常按钮可做成多种颜色以示区别。《机械电气安全 机械电气设备 第 1 部分：通用技术条件》(GB/T 5226.1—2019)对按钮颜色做出如下规定：

启动/接通按钮的颜色应为白、灰、黑或绿色，优选白色，不允许用红色。

急停和紧急断开按钮应使用红色。

停止/断开按钮应使用黑、灰或白色，优先用黑色。不允许用绿色。允许选用红色，但靠近紧急操作器件不宜使用红色。

作为启动/接通与停止/断开交替操作的按钮的优选颜色为白、灰或黑色，不允许用红、黄或绿色。

对于按动它们即引起运转而松开它们则停止运转(如保持—运转)的按钮，其优选颜色为白、灰或黑色，不允许用红、黄或绿色。

复位按钮应为蓝、白、灰或黑色。如果它们还用作停止/断开按钮，最好使用白、灰或黑色，优先选用黑色，但不允许用绿色。

六、按钮的检测

(1)检查外观是否完好。

(2)手动操作：用万用表检查按钮的常开和常闭工作是否正常。

常闭按钮：当用万用表(欧姆挡)表笔分别接触按钮的两接线端时 $R=0$，按下按钮，其 $R=\infty$。

常开按钮：当用万用表(欧姆挡)表笔分别接触按钮的两接线端时 $R=\infty$，按下按钮，其 $R=0$。

按钮的检测方法

任务实施

一、工具准备

常用电工工具一套(螺钉旋具、镊子、钢丝钳、尖嘴钳等)，万能表，绝缘电阻表。

二、实施步骤

(1)拆卸一只按钮，将主要零部件的名称、作用、各对触点动作前后的电阻值及各类触点数量等测量数据记入表中(表 1-1)。

表 1-1　测量数据记录表

低压电器名称	低压电器型号	常开触点数量	常闭触点数量	主触点数量
主要零件名称	主要零件作用	触点电阻(1)		触点电阻(2)
		触点电阻(3)		触点电阻(4)

(2)学习评价(表 1-2)。

表 1-2　学习评价表

项目	总分	评分细则	得分
元件拆装	20	1. 万用表使用不正确，每次扣 5 分； 2. 拆装电器元件过程不正确，每次扣 5 分	
零部件名称及作用	10	1. 零部件名称及作用每错 1 个扣 5 分； 2. 型号的意义不正确，扣 2 分	
触点检测	40	触点状态检测，每错 1 个，扣 10 分	
安全文明生产	20	1. 不遵守安全文明生产规章，每次扣 5 分； 2. 损坏元件每只扣 5 分	
严谨认真、团队合作	10	1. 实训态度表现； 2. 团队合作表现，3 分/5 分/10 分	
合计			

任务二　行程开关的拆装与检测

任务描述

观察行程开关的基本结构，拆装、检测一只行程开关，观察其内部结构，确定触点状态。

相关知识

行程开关又称为限位开关、终点开关，主要用来限制机械运动的位置或行程。

一、行程开关的结构

行程开关的结构示意如图 1-4 所示。

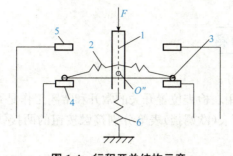

图1-4 行程开关结构示意

1—推杆；2、6—弹簧；3—动触点；4、5—静触点

二、行程开关的工作原理

当运动机构的挡铁压下行程开关的推杆时，微动开关快速动作，其常闭触头分断，常开触头闭合；当运动机械的挡铁移开后，触头复位。

三、行程开关的图形符号及文字符号

行程开关的图形符号及文字符号如图1-5所示。

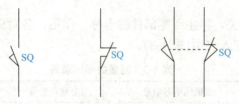

图1-5 行程开关的图形、文字符号

四、行程开关的型号

常用的行程开关有 LX19、LX22、LX32、LX33、JLXL1 以及 LXW-11、JLXK1-11、JLXW5 系列等，其型号含义如图1-6所示。

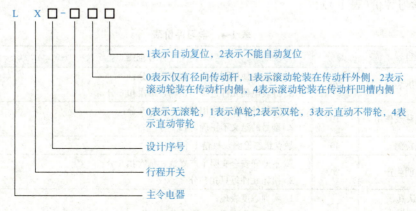

图1-6 行程开关型号含义

五、行程开关的检测

(1)检查外观是否完好。

(2)手动操作：用万用表检查位置开关的常开和常闭工作是否正常。

常闭触点：当用万用表（欧姆挡）表笔分别接触按钮的两接线端时 $R=0$，按下按钮，其 $R=\infty$。

常开触点：当用万用表（欧姆挡）表笔分别接触按钮的两接线端时 $R=\infty$，按下按钮，其 $R=0$。

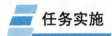

行程开关的检测方法

任务实施

一、工具准备

常用电工工具一套（螺钉旋具、镊子、钢丝钳、尖嘴钳等），万能表，绝缘电阻表。

二、实施步骤

(1)拆卸一只行程开关，将主要零部件的名称、作用、各对触点动作前后的电阻值及各类触点数量等测量数据记入表中（表1-3）。

表1-3 测量数据记录表

低压电器名称	低压电器型号	常开触点数量	常闭触点数量	主触点数量
主要零件名称	主要零件作用	触点电阻(1)		触点电阻(2)
		触点电阻(3)		触点电阻(4)

(2)学习评价（表1-4）。

表1-4 学习评价表

项目	总分	评分细则	得分
元件拆装	20	1. 万用表使用不正确，每次扣5分； 2. 拆装电器元件过程不正确，每次扣5分	
零部件名称及作用	10	1. 零部件名称及作用每错1个扣5分； 2. 型号的意义不正确，扣2分	
触点检测	40	触点状态检测，每错1个扣10分	
安全文明生产	20	1. 不遵守安全文明生产规章，每次扣5分； 2. 损坏元件每只扣5分	
严谨认真、团队合作	10	1. 实训态度表现； 2. 团队合作表现，3分/5分/10分	

任务三　　接触器的拆装与检测

任务描述

观察接触器的结构，拆装、检测一只交流接触器，观察其内部结构，确定触点状态。

相关知识

接触器是利用电磁吸力和弹簧反力的配合作用，使触头闭合与断开的一种电磁式自动切换电器，主要用于远距离频繁地接通或断开交、直流电路。接触器根据主触点通过电流的种类，可分为交流接触器和直流接触器。在大多数情况下，其控制对象是电动机。

接触器具有控制容量大、操作频率高、寿命长、能远距离控制等优点，同时还具有欠、失压保护功能，所以在电气控制系统中应用十分广泛。

一、接触器的结构

CJ20 系列交流接触器的结构如图 1-7 所示。

二、接触器的工作原理

接触器的工作原理如图 1-8 所示。当励磁线圈(6、7 端)接通电源后，线圈电流产生磁场使铁芯(8)磁化，产生电磁吸力克服反力弹簧(10)的反作用力将衔铁(9)吸合，衔铁带动动触点动作，使常闭触点先断开、常开触点后闭合；当励磁线圈断电或外加电压太低时，在反力弹簧作用下衔铁释放，使闭合的常开触点先断开、断开的常闭触点后闭合。

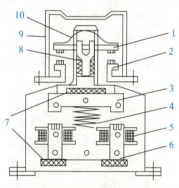

图 1-7　交流接触器的结构
1—动触点；2—静触点；3—衔铁；
4—缓冲弹簧；5—线圈；6—铁芯；
7—垫片；8—触点弹簧；9—灭弧罩；
10—触点压力弹簧

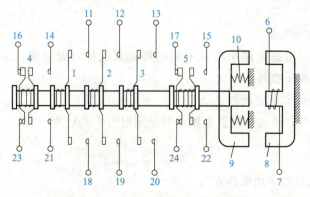

图 1-8　交流接触器的工作原理
1、2、3—动主触点；4、5—动辅助触点；6、7—线圈接线端子；8—铁芯；9—衔铁；10—反力弹簧；
11、12、13、18、19、20—静主触点；14、15、16、17、21、22、23、24—静辅助触点

三、接触器的图形符号及文字符号

接触器的图形符号及文字符号如图 1-9 所示。

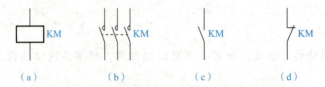

图 1-9　接触器的图形、文字符号

(a)线圈；(b)主触点；(c)常开辅助触点；(d)常闭辅助触点

四、接触器的型号含义

接触器的型号含义如图 1-10 所示。

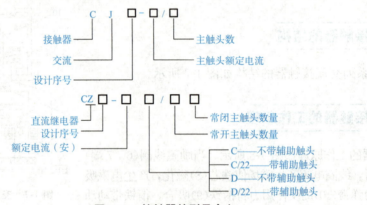

图 1-10　接触器的型号含义

五、接触器的选择

1. 接触器类型的选择

接触器的类型应根据电路中负载电流的种类来选择，即交流负载应选用交流接触器，直流负载应选用直流接触器。

2. 接触器主触点额定电流的选择

对于电动机负载，流过接触器主触点的额定电流 I_N(A) 为

$$I_N = \frac{P_N \times 10^3}{\sqrt{3}\,\eta U_N \cos\phi}$$

式中　P_N——电动机额定功率(kW)；

U_N——电动机额定线电压(V)；

$\cos\phi$——电动机功率因数，其值为 0.85～0.9；

η——电动机的效率，其值一般为 0.8～0.9。

在选用接触器时，其额定电流应大于计算值。也可以根据相关的电气设备手册中给出的被控电动机的容量和接触器额定电流对应的数据选择。

根据上式，在已知接触器主触点额定电流的情况下，能计算出可控电动机的最大功率。例如，CJ20-40 型交流接触器在 380 V 时的额定工作电流为 40 A，故它能控制的电动机的最大功率为

$$P_N = \sqrt{3}U_N I_N \eta \cos\phi \times 10^{-3} = \sqrt{3} \times 380 \times 40 \times 0.9 \times 0.9 \times 10^{-3} \approx 21.3(kW)$$

其中，$\cos\phi$、η 均取 0.9。

在实际应用中，接触器主触点的额定电流也常常按下面的经验公式计算：

$$I_N = \frac{P_N \times 10^3}{K U_N}$$

式中 K——经验系数，取 1~1.4。

3. 接触器吸合线圈电压的选择

如果控制线路比较简单，所用接触器的数量较少，则交流接触器线圈的额定电压一般直接选用 AC 380 V 或 AC 220 V；如果控制线路比较复杂，使用的电器又比较多，为了安全起见，线圈的额定电压可选低一些，例如，交流接触器线圈电压可选 AC 36 V、AC 127 V 等，这时需要附加一个控制变压器。直流接触器吸合线圈电压的选择应视控制回路的具体情况而定，要选择吸合线圈的额定电压与直流控制电路的电压一致。

直流接触器的线圈加的是直流电压，交流接触器的线圈一般加的是交流电压，有时为了提高接触器的最大操作频率，交流接触器也有采用直流线圈的。

六、接触器的使用

(1)核对接触器的铭牌数据是否符合要求。

(2)擦净铁芯极面上的防锈油，在主触头不带电的情况下，使励磁线圈通、断电数次，检查接触器动作是否可靠。

(3)一般应安装在垂直面上，其倾斜角不得超过 5°，否则会影响接触器的动作特性。

(4)定期检查各部件，要求可动部分无卡阻、紧固件无松脱、触头表面无积垢、灭弧罩无破损等。

七、接触器的检测

(1)外观检查交流接触器是否完整无缺，各接线端和螺钉是否完好。

(2)用万用表欧姆挡检测各触点分、合情况是否良好：用手或旋具同时按下动触头并用力均匀(切忌将旋具用力过猛，以防触点变形或损坏器件)。

接触器的
检测方法

常闭触点：当用万用表表笔分别接触常闭触点的两接线端时 $R=0$，手动操作后 $R=\infty$。

常开触点：当用万用表表笔分别接触常开触点的两接线端时 $R=\infty$，手动操作后 $R=0$。

线圈电阻测量：用万用表检测接触器线圈直流电阻是否正常(一般为 1.5~2 kΩ)；检查接触器线圈电压与电源电压是否相符。

任务实施

一、工具准备

常用电工工具一套(螺钉旋具、镊子、钢丝钳、尖嘴钳等)，万能表，绝缘电阻表。

二、实施步骤

(1)拆卸一只交流接触器，对主要零件的名称、作用、各对触点动作前后的电阻值及各类触点数量等测量数据记入表中(表1-5)。

表 1-5　测量数据记录表

低压电器名称	低压电器型号	常开触点数量	常闭触点数量	主触点数量
主要零件名称	主要零件作用	触点电阻(1)		触点电阻(2)
		触点电阻(3)		触点电阻(4)

(2)学习评价(表1-6)。

表 1-6　学习评价表

项目	总分	评分细则	得分
元件拆装	20	1. 万用表使用不正确，每次扣 5 分； 2. 拆装电器元件过程不正确，每次扣 5 分	
零部件名称及作用	10	1. 零部件名称及作用，每错 1 个扣 5 分； 2. 型号的意义不正确，扣 2 分	
触点检测	40	触点状态检测，每错 1 个扣 10 分	
安全文明生产	20	1. 不遵守安全文明生产规章，每次扣 5 分； 2. 损坏元件，每只扣 5 分	
严谨认真、团队合作	10	1. 实训态度表现； 2. 团队合作表现，3 分/5 分/10 分	

任务四　中间继电器的拆装与检测

任务描述

观察中间继电器的结构，拆装、检测一只中间继电器，观察其内部结构，确定触点状态。

相关知识

继电器是一种根据电或非电信号的变化来接通或断开小电流电路以实现自动控制、安全保护等功能的自动控制电器。其输入量可以是电量（如电流、电压等），也可以是非电量（如温度、时间、速度等），而输出是触点的动作或电参数的变化。

常用继电器的主要类型有电流继电器、电压继电器、中间继电器、时间继电器、热继电器和速度继电器等。

一、电磁式电流继电器

电磁式电流继电器的线圈串联在被测量的电路中，以反映电路中电流的变化，对电路实现过电流、欠电流保护。其中，过电流继电器主要用于频繁启动的场合，作为电动机的过载和短路保护；欠电流继电器常用于直流电动机和电磁吸盘的失磁保护。

1. 电流继电器的结构

为了不影响电路的正常工作，电流继电器线圈匝数少、导线粗、线圈阻抗小。

2. 电流继电器的工作原理

(1)过电流继电器。当流过线圈的电流低于整定值时，衔铁不吸合；当电流超过整定值时衔铁吸合、触点动作。

(2)欠电流继电器。在电路电流正常时衔铁吸合、触点动作；当流过线圈的电流低于整定值时，衔铁释放、触点复位。

3. 电流继电器的图形符号及文字符号

电流继电器的图形符号及文字符号如图 1-11 所示。

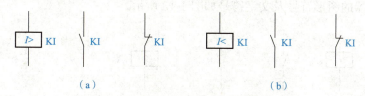

图 1-11　电流继电器的图形、文字符号

(a)过电流继电器；(b)欠电流继电器

4. 电流继电器的型号含义

电流继电器的型号含义如图 1-12 所示。

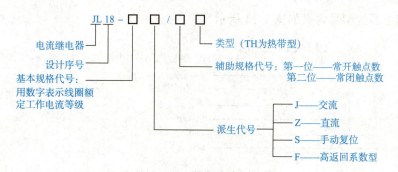

图 1-12　电流继电器的型号含义

5. 电流继电器的选择与使用

(1)过电流继电器。交流过电流继电器整定值的整定范围为额定电流的 110%～350%；

直流过电流继电器整定值的整定范围为额定电流的 70%～300%。

(2)欠电流继电器。欠电流继电器吸引电流整定值的整定范围为额定电流的 30%～65%，释放电流整定值的整定范围为额定电流的 10%～20%。

二、电磁式电压继电器

电磁式电压继电器的线圈并联在被测量的电路中，以反映电路中电压的变化，对电路实现过电压、欠电压和零电压保护。

1. 电压继电器的结构

为了不影响电路的正常工作，电流继电器线圈匝数多、导线细、线圈阻抗大。

2. 电压继电器的工作原理

(1)过电压继电器。当线圈的电压低于整定值时，衔铁不吸合；当电压超过整定值时衔铁吸合、触点动作。

(2)欠电压继电器。在电路电压正常时衔铁吸合、触点动作；在电压低于整定值时衔铁释放、触点复位。

(3)零电压继电器。在电路电压正常时衔铁吸合、触点动作；在电压低于整定值时衔铁释放、触点复位。

3. 电压继电器的图形符号及文字符号

电压继电器的图形符号及文字符号如图 1-13 所示。

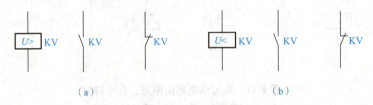

(a)　　　　　　　　　(b)

图 1-13　电压继电器的图形、文字符号

(a)过电压继电器；(b)欠电压继电器

4. 电压继电器的型号含义

电压继电器的型号含义如图 1-14 所示。

图 1-14　电压继电器的型号含义

5. 电压继电器的选择与使用

(1)过电压继电器。过电压继电器整定值的整定范围为额定电压的 110%～120%。

(2)欠电压继电器。欠电压继电器整定值的整定范围为额定电压的 40%～70%。

(3)零电压继电器。零电压继电器整定值的整定范围为额定电压的 5%～25%。

三、电磁式中间继电器

中间继电器的主要用途是当其他电器的触点数量或触点容量不够时，可借助它来扩大触点的数量或触点容量，起中间转换的作用。

1. 中间继电器的结构

电磁式中间继电器的基本结构与接触器相同，只是其触点系统中无主触点、辅助触点之分，触点数量多、触点容量相同。

2. 中间继电器的工作原理

电磁式中间继电器的工作原理与接触器相同。

3. 中间继电器的图形符号及文字符号

中间继电器的图形符号及文字符号如图 1-15 所示。

图 1-15　中间继电器的图形、文字符号

4. 中间继电器的型号含义

中间继电器的型号含义如图 1-16 所示。

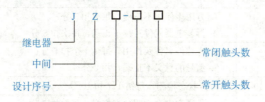

图 1-16　中间继电器的型号含义

5. 中间继电器的选择与使用

中间继电器的选择与使用与接触器的选择与使用相同。

四、中间继电器的检测

中间继电器的
检测方法

(1)外观检查。检查中间继电器是否完整无缺，各接线端和螺钉是否完好。

(2)用万用表欧姆挡检测各触点分、合情况是否良好。用手或旋具同时按下动触头并用力均匀(切忌将旋具用力过猛，以防触点变形或损坏器件)。

常闭触点：当用万用表表笔分别接触常闭触点的两接线端时 $R=0$，手动操作后 $R=\infty$。

常开触点：当用万用表表笔分别接触常开触点的两接线端时 $R=\infty$，手动操作后 $R=0$。

线圈电阻测量：用万用表检测中间继电器线圈直流电阻是否正常（一般为 $1.5\sim2\ \mathrm{k\Omega}$）；检查接触器线圈电压与电源电压是否相符。

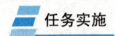
任务实施

一、工具准备

常用电工工具一套（螺钉旋具、镊子、钢丝钳、尖嘴钳等），万能表，绝缘电阻表。

二、实施步骤

(1)拆装一只中间继电器，将主要零件的名称、作用、触点数量、阻值记入表格（表1-7）。

表1-7　测量数据记录表

低压电器名称	低压电器型号	常开触点数量	常闭触点数量	主触点数量
主要零件名称	主要零件作用	触点电阻(1)		触点电阻(2)
		触点电阻(3)		触点电阻(4)

(2)学习评价（表1-8）。

表1-8　学习评价表

项目	总分	评分细则	得分
元件拆装	20	1. 万用表使用不正确，每次扣5分； 2. 拆装电器元件过程不正确，每次扣5分	
零部件名称及作用	10	1. 零部件名称及作用，每错1个扣5分； 2. 型号的意义不正确，扣2分	
触点检测	40	触点状态检测，每错1个扣10分	
安全文明生产	20	1. 不遵守安全文明生产规章，每次扣5分； 2. 损坏元件，每只扣5分	
严谨认真、团队合作	10	1. 实训态度表现； 2. 团队合作表现，3分/5分/10分	

任务五　热继电器的拆装与检测

任务描述

观察热继电器的结构，拆装、检测一只热继电器，观察其内部结构，确定触点状态。

电动机在运行过程中常会遇到过载情况，只要过载不严重，绕组的温度不超过限制温度，这种过载是允许的。但如果过载情况严重、时间长，则会引起绕组过热，缩短电动机的使用寿命，甚至烧毁电动机。

热继电器是利用电流的热效应原理来切断控制电路的保护电器，主要适用于电动机的过载保护、断相保护、电流不平衡保护及其他电气设备发热状态的控制。

一、热继电器的结构

热继电器主要由热元件、双金属片、触点、复位按钮等组成，热元件由发热电阻丝做成，串接在电动机定子绕组中，电动机定子绕组电流即为流过热元件的电流。双金属片由两种不同线膨胀系数的金属碾压制成，当双金属片受热膨胀时，由于两种金属的线膨胀系数不同，其整体会产生弯曲变形。热继电器的结构如图 1-17 所示。

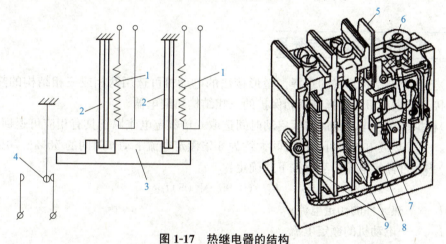

图 1-17　热继电器的结构

1，9—热元件；2—双金属片；3—导板；4—触头；5—复位按钮；6—调整旋钮；
7—常闭触头；8—动作机构

二、热继电器的工作原理

电动机正常运行时，热元件产生的热量虽能使双金属片弯曲，但不足以使其触点动作；当电动机过载时，热元件产生的热量增大，使双金属片弯曲位移量增大，经过一段时间后，双金属片弯曲推动导板，并通过补偿双金属片与推杆将触点分开，使接触器线圈断电，切断电动机的电源，从而实现了对电动机的过载保护。

三、热继电器的图形符号及文字符号

热继电器的图形符号及文字符号如图 1-18 所示。

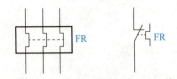

图 1-18　热继电器的图形符号及文字符号

四、热继电器的型号含义

热继电器的型号含义如图 1-19 所示。

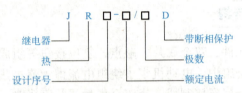

图 1-19　热继电器的图形符号及文字符号

五、热继电器的选择与使用

（1）热继电器结构形式的选择。星形接法的电动机可选用两相或三相结构的热继电器；三角形接法的电动机应选择带断相保护的三相结构热继电器。

（2）根据被保护电动机的实际启动时间选取 6 倍额定电流以下具有相应可返回时间的热继电器。一般热继电器的可返回时间大约为 6 倍额定电流下动作时间的 $50\%\sim70\%$。

（3）热元件额定电流一般可按下式确定：

$$I_{N}=(0.95\sim1.05)I_{MN}$$

式中　I_{N}——热元件的额定电流；

　　　I_{MN}——电动机的额定电流。

对于工作环境恶劣、启动频繁的电动机，则按下式确定：

$$I_{N}=(1.05\sim1.15)I_{MN}$$

（4）对于短时重复工作的电动机（如起重机电动机），由于电动机不断重复升温，热继电器双金属片的温升跟不上电动机绕组的温升，电动机将得不到可靠的过载保护。因此，不宜选用双金属片热继电器，而应选用过电流继电器或能反映绕组实际温度的温度继电器来进行保护。

常用的热继电器有 JRS1、JR20、JR16、JR15 等系列。

六、热继电器的检测

（1）外观检查热继电器是否完整无缺，各接线端和螺钉是否完好。

（2）用万用表检测各主触头，常闭辅助触头进端和出端接触是否良好，正常情况下 $R=0$。

热继电器的
检测方法

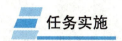

一、工具准备

常用电工工具一套(螺钉旋具、镊子、钢丝钳、尖嘴钳等),万能表,绝缘电阻表。

二、实施步骤

(1)拆装一只热继电器。观察其内部结构,检测热元件组阻值,记入表格(表1-9)。

表1-9　测量数据记录表

低压电器名称	低压电器型号	常开触点数量	常闭触点数量	主触点数量
主要零件名称	主要零件作用	触点电阻(1)		触点电阻(2)
		触点电阻(3)		触点电阻(4)

(2)学习评价(表1-10)。

表1-10　学习评价表

项目	总分	评分细则	得分
元件拆装	20	1. 万用表使用不正确,每次扣5分; 2. 拆装电器元件过程不正确,每次扣5分	
零部件名称及作用	10	1. 零部件名称及作用,每错1个扣5分; 2. 型号的意义不正确,扣2分	
触点检测	40	触点状态检测,每错1个扣10分	
安全文明生产	20	1. 不遵守安全文明生产规章,每次扣5分; 2. 损坏元件,每只扣5分	
严谨认真、团队合作	10	1. 实训态度表现; 2. 团队合作表现,3分/5分/10分	

任务六　　时间继电器的拆装与检测

任务描述

观察时间继电器的结构,拆装、检测一只时间继电器,观察其内部结构,确定触点状态。

时间继电器是一种能延时接通或断开电路的电器。按其动作原理与结构不同，时间继电器可分为电磁式、空气阻尼式和电子式等；按延时方式可分为通电延时型与断电延时型。

一、时间继电器的结构

为满足工作要求，时间继电器上通常带有瞬时动作触点和延时动作触点。

二、时间继电器的工作原理

（1）直流电磁式时间继电器。直流电磁式时间继电器是利用电磁线圈断电后磁通延缓变化的原理而工作的。

（2）空气阻尼式时间继电器。空气阻尼式时间继电器也称气囊式时间继电器，是利用空气阻尼原理获得延时的。

（3）电子式时间继电器。

①晶体管式时间继电器。晶体管式时间继电器是利用 RC 电路电容充电时，电容器上的电压逐步上升的原理获得延时的。

②数字式时间继电器。数字式时间继电器是利用数字技术获得延时的。

三、时间继电器的图形符号和文字符号

时间继电器的图形符号和文字符号如图 1-20 所示。

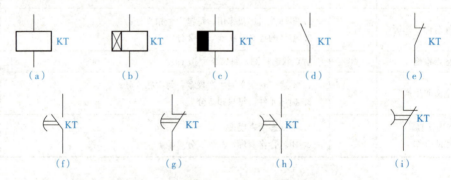

图 1-20　时间继电器的图形符号及文字符号

(a)线圈一般符号；(b)通电延时线圈；(c)断电延时线圈；(d)瞬时动作动合触点；
(e)瞬时动作动断触点；(f)延时闭合的动合触点；(g)延时断开的动断触点；
(h)延时断开的动合触点；(i)延时闭合的动断触点

四、时间继电器的型号含义

时间继电器的型号含义如图 1-21 所示。

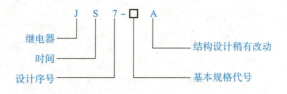

图 1-21　时间继电器的型号含义

五、时间继电器的选择与使用

（1）直流电磁式时间继电器。电磁式时间继电器结构简单、运行可靠、寿命长，但延时时间短（最长不超过 5 s）、延时精度不高、体积大，仅适用于直流电路中作为断电延时型时间继电器，从而限制了它的应用。

常用的直流电磁式时间继电器有 JT3 和 JT18 系列。

（2）空气阻尼式时间继电器。空气阻尼式时间继电器的结构简单、寿命长、价格低，并具有瞬动触点，但延时的准确度低、延时误差大，一般适用于延时精度要求不高的场合。

（3）电子式时间继电器。电子式时间继电器具有延时范围宽、精度高、体积小、工作可靠等优点，应用日益广泛，但其缺点是延时会受环境温度变化及电源波动的影响。

①晶体管式时间继电器。常用的晶体管式时间继电器有 JS14A、JS15、JS20、JSJ、JSB、JS14P 等系列。其中 JS20 系列晶体管式时间继电器是全国统一设计产品，延时范围有 0.1～180 s、0.1～300 s、0.1～3 600 s 3 种，电寿命达 10 万次，适用于交流 50 Hz、电压 380 V 及以下或直流 110 V 及以下的控制电路。

②数字式时间继电器。数字式时间继电器与晶体管式时间继电器相比，延时范围可成倍增加，调节精度可提高两个数量级以上，控制功率和体积更小，适用于各种需要精确延时的场合以及各种自动化控制电路。这类时间继电器功能多，有通电延时、断电延时、定时吸合、循环延时 4 种延时形式和十几种延时范围供用户选择，这是晶体管式时间继电器不可比拟的。目前市场上的数字式时间继电器的型号很多，有 DH48S、DH14S、DH11S、JSS1、JS14S 系列等。另外，还有从日本富士公司引进生产的 ST 系列等。

六、时间继电器的检测

（1）外观检查热继电器是否完整无缺，各接线端和螺钉是否完好。

（2）用万用表电阻挡检测延时触头和瞬时触头闭合、断开情况，延时闭合常开触头当线圈吸合后，过 3 s 左右触点闭合电阻由无穷大变为零；延时断开常闭触头当线圈吸合后 3 s 左右，触点断开电阻由零变为无穷大。

时间继电器
的检测方法

（3）用万用表检测时间继电器线圈电阻是否正常。

（4）检查时间继电器线圈电压与电源电压是否相符。

一、工具准备

常用电工工具一套(螺钉旋具、镊子、钢丝钳、尖嘴钳等),万能表,绝缘电阻表。

二、实施步骤

(1)拆装一只时间继电器,将主要零件的名称、作用、触点数量、阻值记入表格(表1-11)。

表1-11　测量数据记录表

低压电器名称	低压电器型号	常开触点数量	常闭触点数量	主触点数量
主要零件名称	主要零件作用	触点电阻(1)		触点电阻(2)
		触点电阻(3)		触点电阻(4)

(2)学习评价(表1-12)。

表1-12　学习评价表

项目	总分	评分细则	得分
元件拆装	20	1. 万用表使用不正确,每次扣5分; 2. 拆装电器元件过程不正确,每次扣5分;	
零部件名称及作用	10	1. 零部件名称及作用,每错1个扣5分; 2. 型号的意义不正确,扣2分	
触点检测	40	触点状态检测,每错1个扣10分	
安全文明生产	20	1. 不遵守安全文明生产规章,每次扣5分; 2. 损坏元件,每只扣5分	
严谨认真、团队合作	10	1. 实训态度表现; 2. 团队合作表现,3分/5分/10分	

任务七　熔断器的拆装与检测

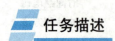 任务描述

观察熔断器的结构,拆装、检测一只熔断器。

熔断器的主要作用是对电气线路和电气设备进行短路保护和严重过载保护。

一、熔断器的结构

熔断器主要由熔体和熔管两部分组成。

(1)熔体。熔体是熔断器的核心部件，常做成丝状或变截面片状，其材料有两大类：一类为低熔点材料，如铅、铅锡合金、锌等，这类熔体不易熄弧，一般用在小电流电路；另一类为高熔点材料，如银、铜等，这类熔体容易熄弧，一般用在大电流电路。

(2)熔管。熔管的主要作用是支持、固定、保护熔体，熔管一般采用高强度陶瓷或玻璃纤维等制成。

二、熔断器的工作原理

熔断器的熔体串联在被保护电路中。当电路正常工作时，熔体允许通过一定大小的负荷电流而不熔断；当电路发生短路或严重过载故障时，熔体中流过很大的故障电流，当该电流产生的热量使熔体温度上升到熔点时，熔体熔断，切断电路，从而达到保护线路或设备的目的。

三、熔断器的图形符号及文字符号

熔断器的图形符号及文字符号如图 1-22 所示。

图 1-22　熔断器的图形符号及文字符号

四、熔断器的型号含义

熔断器的型号含义如图 1-23 所示。

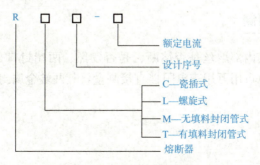

图 1-23　熔断器的型号含义

五、熔断器的选择

熔断器的选择主要包括熔断器的类型、额定电流等方面。

(1)熔断器的类型。根据线路的要求、安装条件和各类熔断器的适用场合来选择。

(2)熔体的额定电流。

①对于照明线路等没有冲击电流的负载，以及降压启动的电动机负载，熔体的额定电流应按下式计算：

$$I_{FU} \geqslant I$$

式中　I_{FU}——熔体的额定电流；

　　　　I——电路的工作电流。

②对于启动时间较短的电动机类负载，考虑到启动电流的影响，应按下式计算：

$$I_{FU} \geqslant (1.5 \sim 2.5)I_N$$

式中　I_N——电动机的额定电流。

③由一个熔断器保护多台电动机时熔体额定电流应按下式计算：

$$I_{FU} \geqslant (1.5 \sim 2.5)I_{Nmax} + \sum I_N$$

式中　I_{Nmax}——被保护电动机中最大的额定电流；

　　　　$\sum I_N$——除 I_{Nmax} 外其余被保护电动机额定电流之和。

(3)熔断器的额定电流。必须等于(或大于)所装熔体的额定电流。

(4)熔断器的额定电压。应等于(或大于)熔断器安装处的电路额定电压。

(5)熔断器的分断能力。熔断器的分断能力是指熔断器能分断的最大短路电流值。熔断器的分断能力必须大于电路中可能出现的最大短路电流。

(6)熔断器上、下级的配合。为满足保护选择性的要求，应使上一级熔断器熔体的额定电流比下一级大 1~2 个级差。

六、熔断器的使用

(1)安装前检查熔断器的型号、各种参数等是否符合规定要求。

(2)安装时熔断器与底座、触刀的接触要良好，以免因接触不良造成熔断器误动作。

(3)更换的熔断器，应与原熔断器型号、规格一致。

(4)工业用熔断器的更换应由专职人员负责，更换时应先切断电源。

七、熔断器的检测

先用观察法查看其内部熔丝是否熔断、是否发黑、两端封口是否松动等，若有上述情况，则表明已损坏。也可用万用表电阻挡直接测量，其两端金属封口阻值应为 0 Ω，否则为损坏。

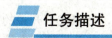 **任务实施**

一、工具准备

常用电工工具一套(螺钉旋具、镊子、钢丝钳、尖嘴钳等),万能表,绝缘电阻表。

二、实施步骤

(1)拆装一只熔断器,观察其内部零件及作用,测量输入端与输出端的阻值,记入表中(表1-13)。

表1-13　测量数据记录表

低压电器名称	低压电器型号	两端电阻值
主要零件名称	主要零件作用	

(2)学习评价(表1-14)。

表1-14　学习评价表

项目	总分	评分细则	得分
元件拆装	20	1. 万用表使用不正确,每次扣5分; 2. 拆装电器元件过程不正确,每次扣5分	
零部件名称及作用	10	1. 零部件名称及作用,每错1个扣5分; 2. 型号的意义不正确,扣2分	
电阻检测	40	阻值检测错误,每次扣5分	
安全文明生产	20	1. 不遵守安全文明生产规章,每次扣5分; 2. 损坏元件每只扣5分	
严谨认真、团队合作	10	1. 实训态度表现; 2. 团队合作表现,3分/5分/10分	

任务八　刀开关的拆装与检测

任务描述

观察刀开关的结构,拆装、检测一只刀开关,判断触点状态。

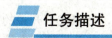

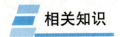

一、刀开关的结构

刀开关由操作手柄、动触刀、静插座、底座等组成。

二、刀开关的工作原理

手动合闸或分闸使动触刀与静插座接通或断开，即可接通或分断电路。

三、刀开关的图形符号及文字符号

刀开关的图形符号及文字符号如图 1-24 所示。

图 1-24　刀开关的图形符号及文字符号

(a)单极；(b)双极；(c)三极；(d)三极刀熔开关

四、刀开关的型号含义

刀开关的型号含义如图 1-25 所示。

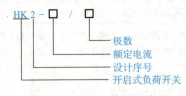

图 1-25　刀开关的型号含义

五、刀开关的选用原则

(1)根据使用场合，选择刀开关的类型、极数及操作方式。

(2)刀开关的额定电压应大于或等于安装处的线路电压。

(3)刀开关的额定电流应大于或等于电路工作电流。对于电动机负载，开启式刀开关的额定电流可按电动机额定电流的 3 倍选取；封闭式刀开关的额定电流可按电动机额定电流的 1.5 倍选取。

六、刀开关的使用

开启式负荷开关在安装使用时应注意以下几点：

(1)开启式负荷开关应垂直安装在控制屏或开关板上，处于分闸状态时手柄应向下，严禁倒装，以防分闸状态时手柄因自重落下误合闸而引发事故。

(2)接线时，应将电源线接在上端，负载线接在下端，这样在分断后刀开关的动刀片与电源隔离，便于更换熔丝。

(3)分、合闸动作应迅速，以使电弧尽快熄灭。

(4)分、合闸时不可直接面对开关，以免发生危险。

铁壳开关在安装使用时应注意以下几点：

(1)既不允许随意放在地上操作，也不允许直面开关操作，以免发生危险。

(2)应按规定把开关垂直安装在一定高度处，铁壳可靠接地。

(3)严禁在开关上方放置金属物体，以免发生短路事故。

七、刀开关的检测

(1)外观检查动触刀和静触座接触是否歪扭；刀开关手柄转动是否灵活。

(2)合上手柄，用万用表(欧姆 $R \times 1$ 挡)表笔分别接进线端和出线端时 $R = 0$；断开手柄后 $R = \infty$。

(3)外壳有破损的要及时更换。

 任务实施

一、工具准备

常用电工工具一套(螺钉旋具、镊子、钢丝钳、尖嘴钳等)，万能表，绝缘电阻表。

二、实施步骤

(1)拆装一只刀开关，观察其内部零件及作用，测量输入端与输出端的阻值，记入表中(表 1-15)。

表 1-15 测量数据记录表

低压电器名称	低压电器型号	常开触点数量	常闭触点数量	主触点数量
主要零件名称	主要零件作用	触点电阻(1)		触点电阻(2)
		触点电阻(3)		触点电阻(4)

(2)学习评价(表1-16)。

项目	总分	评分细则	得分
元件拆装	20	1. 万用表使用不正确,每次扣5分; 2. 拆装电器元件过程不正确,每次扣5分	
零部件名称及作用	10	1. 零部件名称及作用,每错1个扣5分; 2. 型号的意义不正确,扣2分	
触点检测	40	触点状态检测,每错1个扣10分	
安全文明生产	20	1. 不遵守安全文明生产规章,每次扣5分; 2. 损坏元件,每只扣5分	
严谨认真、团队合作	10	1. 实训态度表现; 2. 团队合作表现,3分/5分/10分	

任务九　　低压断路器的拆装与检测

■ 任务描述

观察低压断路器的结构,拆装、检测一只低压断路器,观察其内部结构,确定触点状态。

■ 相关知识

低压断路器又称自动空气开关或自动空气断路器,它不仅能不频繁地接通和分断电路,还能对电路或电气设备发生的过载、短路、欠压或失压等进行保护。

低压断路器操作安全、使用方便、工作可靠、安装简单、分断能力高,广泛应用于低压配电线路中。

一、低压断路器的结构

低压断路器主要由触点系统、操作机构和保护元件3部分组成,其结构如图1-26所示。

二、低压断路器的工作原理

(1)接通电路时,按下接通按钮14,若线路电压正常,欠压脱扣器11产生足够的吸力,克服拉力弹簧9的作用将衔铁10吸合,衔铁与杠杆脱离。这样,外力使锁扣3克服压力弹簧16的斥力,锁住搭钩4,接通电路。

(2)分断电路时,按下分断按钮15,搭钩4与锁扣3脱扣,锁扣3在压力弹簧16的作用下被推回，使动触头 1 与静触头 2 分断，断开电路。

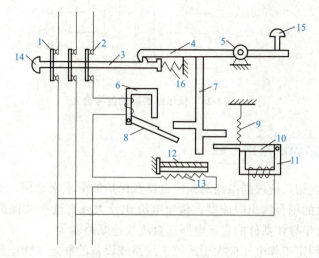

图 1-26　自动空气开关结构

1—动触头；2—静触头；3—锁扣；4—搭钩；5—转轴座；6—过流脱扣器；7—杠杆；8、10—衔铁；
9—拉力弹簧；11—欠压脱扣器；12—双金属片；13—热元件；14、15—按钮；16—压力弹簧

（3）当线路发生短路或严重过载故障时，超过过流脱扣器整定值的故障电流将使脱扣器 6 产生足够大的吸力，将衔铁 8 吸合并撞击杠杆 7，使搭钩 4 绕转轴座 5 向上转动与锁扣 3 脱开，锁扣在压力弹簧 16 的作用下，将 3 副主触头分断，切断电源。

（4）当线路发生一般性过载时，过载电流虽不能使电磁脱扣器动作，但能使热元件 13 产生一定的热量，促使双金属片 12 受热向上弯曲，推动杠杆 7 使搭钩与锁扣脱开将主触头分断。

（5）当线路电压降到某一数值或电压全部消失时，欠压脱扣器吸力减小或消失，衔铁 10 被拉力弹簧 9 拉回并撞击杠杆 7，将三副主触头分断，切断电源。

三、低压断路器的图形符号及文字符号

低压断路器的图形符号及文字符号如图 1-27 所示。

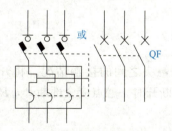

图 1-27　低压断路器图形符号及文字符号

四、低压断路器的型号含义

低压断路器的型号含义如图 1-28 所示。

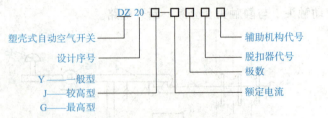

图 1-28 低压断路器的型号含义

五、低压断路器的选用原则

(1)断路器的类型，应根据电路的额定电流及保护的要求来选用。如一般场合选用塑壳式；短路电流很大的场合选用限流型；额定电流比较大或有选择性保护要求的场合选框架式；控制和保护含半导体器件的直流电路选直流快速断路器等。

(2)断路器的额定工作电压应大于或等于线路或设备的额定工作电压。对于配电线路来说，应注意区别是安装在线路首端还是用于负载保护，按照线路首端电压比线路额定电压高出 5% 左右来选择。

(3)断路器额定工作电流大于或等于负载工作电流。

(4)断路器过电流脱扣器的整定电流应大于或等于线路的最大负载电流。

(5)断路器欠电压脱扣器的额定电压等于主电路额定电压。

(6)断路器的额定通断能力大于或等于电路的最大短路电流。

六、低压断路器的使用

使用低压断路器时一般应注意以下几点：
(1)安装前先检查其脱扣器的整定电流、相关参数等是否满足要求。
(2)应按规定垂直安装，连接导线要按规定截面选用。
(3)操作机构在使用一定次数后，应添加润滑剂。
(4)定期检查触头系统，保证触头接触良好。

七、低压断路器的检测

用万用表电阻挡测量各对触头之间的接触情况。将开关扳到合闸位置，触点应全部接通，$R=0$；断开时，触点应全部断开，$R=\infty$。

低压断路器
的检测方法

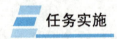任务实施

一、工具准备

常用电工工具一套(螺钉旋具、镊子、钢丝钳、尖嘴钳等)，万能表，绝缘电阻表。

二、实施步骤

(1)拆装一只低压断路器，将主要零件的名称及作用，触点之间的阻值记录表中(表1-17)。

表1-17　测量数据记录表

低压电器名称	低压电器型号	常开触点数量	常闭触点数量	主触点数量
主要零件名称	主要零件作用	触点电阻(1)		触点电阻(2)
		触点电阻(3)		触点电阻(4)

(2)学习评价(表1-18)。

表1-18　学习评价表

项目	总分	评分细则	得分
元件拆装	20	1. 万用表使用不正确，每次扣5分； 2. 拆装电器元件过程不正确，每次扣5分	
零部件名称及作用	10	1. 零部件名称及作用，每错1个扣5分； 2. 型号的意义不正确，扣2分	
触点检测	40	触点状态检测，每错1个扣10分	
安全文明生产	20	1. 不遵守安全文明生产规章，每次扣5分； 2. 损坏元件，每只扣5分	
严谨认真、团队合作	10	1. 实训态度表现； 2. 团队合作表现，3分/5分/10分	

问 题 思 考

1. 什么是熔体的额定电流？什么是熔断器的额定电流？
2. 熔断器为什么一般不做过载保护？
3. 简述交流接触器的工作原理。
4. 热继电器能否做短路保护？为什么？
5. 低压断路器的选择应满足哪些条件？
6. 中间继电器和交流接触器有什么区别？

 知识拓展

与电共舞20年

王进是电网系统特高压检修工，他成功完成世界首次±660 kV直流输电线路带电作业。他参与执行抗冰抢险、奥运保电等重大任务，带电检修300余次实现"零失误"，为企业和社会创造了巨大的经济价值。

"一战成名"是很多人对王进的印象。

如果没有2011年世界首次±660 kV银东直流带电作业，也许今天王进依然籍籍无名。带电作业属于高危工种，除了对身体条件要求比较高以外，对经验、技术、心理素质要求也很高。"每次上塔都会紧张，说不怕那是假的。"王进说，这么多年过去了，他依然记得第一次"抓电"时的恐惧和无助。

2001年在沈阳取证考试，是王进第一次接触高电压带电作业。王进回忆说，当轮到他时，也是哆哆嗦嗦。伸手去摸线路，还没等靠近，手指尖就和导线拉出了一道10 cm长的电弧，冒着蓝光，"嗞嗞"作响，就像毒蛇吐着信子。"我当时心一横，一把就抓了上去，实现了职业生涯的第一次突破。"

王进相信熟能生巧。多年来，他专心学习理论知识，苦心练习技能本领，潜心练就了"一眼定、一心平、一招准"三大绝活。带电作业最怕冬天和夏天，但往往就是这两个季节作业多，夏天40 ℃的高温，王进在线上作业嗓子干得直冒烟，一瓶水一口气喝下去，汗比那瓶水还多，顺着内衣流到鞋子里，一走就哗啦哗啦响。寒冬腊月，−10 ℃以下的低温，薄薄的屏蔽服里只能套一件羽绒坎肩，王进在50 m高的风口处，感觉像没穿衣服，寒风像刀子割得脸生疼。

尽管带电作业充满了苦，但王进更喜欢讲述他的乐："我喜欢站在高空的感觉，蓝天白云似乎触手可及，广阔的田野一望无边，风声在耳旁掠过，大自然就这么真实地呈现在眼前，宁静、祥和，带给我莫名的感动。"

这一天，王进跟众多院士、教授、科学家等一起，走进人民大会堂，参加国家科学技术奖励大会。这一天，总书记跟自己亲切握手，"当时完全被巨大的幸福感笼罩了"，王进说。

让王进获得无上荣耀的，是他和同事们自主研发的"±660 kV直流架空输电线路带电作业技术和工器具创新及应用"，该项成果被授予国家科技进步一等奖。其中，专用工器具获得了7项发明专利、7项实用新型专利，填补了多项技术空白。《±660 kV直流输电线路带电作业技术导则》先后成为国家电网公司企业标准和电力行业标准。这些成果在宁夏、山西等5省区得到推广应用，实现直接经济效益1.58亿元。

在全部获奖项目中，王进是最年轻的"第一完成人"。除了年龄最小，学历最低也是他的标签。对此，王进毫不忌讳："我是一名技校毕业的中专生。但我始终认为，创新与学历无关，再高大上的创新，不实用也一样没有价值。再小的发明，只要能解决问题，也是有意义的。"

"爸爸每天都很忙，晚上我都睡了，他还没有回来，早晨我还没有醒，爸爸就已经走了。"这是儿子对王进最深刻的印象。"我爸爸只是一名普普通通的工人，虽然他没有给我过个生日，还跟奶奶撒了谎，我知道爸爸是因为热爱自己的工作，不想让家里人担心。我为有这样的爸爸自豪，我爱我爸爸!"儿子的懂事，让王进既欣慰又愧疚。

王进说，自己是个胆小的人，看电影都从不敢看恐怖片，但是对于这份让旁人看着就胆战心惊的工作，他用热爱和自信战胜了恐惧，保持了平常心。"再危险的工作，总得有人去干。"他说，自己只是个带电作业工人，让所有老百姓每时每刻都可以用到电，就是应有的责任。

维修电工职业资格证书(中级)知识技能标准

职业功能	工作内容	技能要求	相关知识
一、工作前准备	(一)工具、量具及仪器	可以根据工作内容正确选用仪器、仪表	常用电工仪器、仪表的种类、特点及适用范围
	(二)读图与分析	可以读懂 X62W 铣床、MGB1420 磨床等较复杂的机械设备的电气控制原理图	1. 常用较复杂机械设备的电气控制线路图。 2. 较复杂电气图的读图方法
二、装调与维修	(一)电气故障检修	1. 可以正确使用示波器、电桥、晶体管图示仪。 2. 可以正确分析、检修、排除 55 kW 以下的交流异步电动机、60 kW 以下的直流电动机及各种特种电机的故障。 3. 可以正确分析、检修、排除交磁电机扩大机、X62W 铣床、MGB1420 磨床等机械设备控制系统的电路及电气故障	1. 示波器、电桥、晶体管图示仪的使用方法及考前须知。 2. 直流电动机及各种特种电机的构造、工作原理和使用与拆装方法。 3. 交磁电机扩大机的构造、原理、使用方法及控制电路方面的知识。 4. 单相晶闸管交流技术
	(二)配线与安装	1. 可以按图样要求进展较复杂机械设备的主、控线路配电板的配线(包括选择电器元件、导线等),以及整台设备的电气安装工作。 2. 可以按图样要求焊接晶闸管调速器、调功器电路,并用仪器、仪表进行测试	明、暗电线及电器元件的选用知识
	(三)测绘	可以测绘一般复杂程度机械设备的电气局部	电气测绘根本方法
	(四)调试	可以独立进行 X62W 铣床、MGB1420 磨床等较复杂机械设备的通电工作,并能正确处理调试中出现的问题,经过测试、调整,最后达到控制要求	较复杂机械设备电气控制调试方法

维修电工职业资格证书强化习题

1. 交流接触器的额定工作电压,是指在规定条件下,能保证电器正常工作的(　　)电压。

　　A. 最低　　　　　　B. 最高　　　　　　C. 平均

2. 正确选用电器应遵循的两个基本原则是安全原则和(　　)原则。

　　A. 经济　　　　　　B. 性能　　　　　　C. 功能

3. 热继电器的保护特性与电动机过载特性贴近,是为了充分发挥电动机的(　　)能力。

　　A. 过载　　　　　　B. 控制　　　　　　C. 节流

4. 熔断器的保护特性又称为（　　　）。

    A. 安秒特性　　　　B. 灭弧特性　　　　C. 时间特性

5. 交流接触器由（　　　）组成。

    A. 操作手柄、动触刀、静夹座、出线座和绝缘底板

    B. 主触头、辅助触头、灭弧装置、保护装置动作机构

    C. 电磁机构、触头系统、灭弧装置、辅助部件等

    D. 电磁机构、触头系统、辅助部件、外壳

6. 热继电器是利用电流的（　　　）来推动动作机构，使触头系统分断来保护电器的。

    A. 热效应　　　　　　　　　　　B. 磁效应

    C. 机械效应　　　　　　　　　　D. 化学效应

7. 按钮作为主令电器，当作为停止按钮时，其颜色应选（　　　）色。

    A. 绿　　　　　　B. 黄　　　　　　C. 白　　　　　　D. 红

8. 熔断器在低压配电系统和电力驱动系统中主要起（　　　）保护作用，因此，熔断器属于保护电器。

    A. 轻度过载　　　B. 短路　　　　　C. 失压　　　　　D. 欠压

9. 按下复合按钮时，（　　　）。

    A. 动断先闭合

    B. 动合先断开

    C. 动断、动合都动作

    D. 动断先断开，动合后闭合

10. 热继电器主要用于电动机的（　　　）保护。

    A. 短路　　　　　B. 过载　　　　　C. 欠压　　　　　D. 过压

11. 使用万用表时要注意（　　　）。

    A. 使用前要机械回零

    B. 测量电阻时，转换挡位后必须进行欧姆回零

    C. 测量完毕，转换开关应置于最大电流挡

    D. 测电流时，最好使指针处于标尺中间

12. 主令电器的任务是（　　　），故称为主令电器。

    A. 切换主电路　　　　　　　　　B. 切换信号回路

    C. 切换测量回路　　　　　　　　D. 切换控制电路

13. 接触器自锁控制电路，除接通或断开电路外，还具有（　　　）功能。

    A. 失压和欠压保护　　　　　　　B. 短路保护

    C. 过载保护　　　　　　　　　　D. 零励磁保护

14. 热继电器的常闭触点是由电器符号中的（　　　）组成。

    A. 方框符号和一般符号　　　　　B. 限定符号和符号要素

    C. 一般符号和符号要素　　　　　D. 一般符号和限定符号

15. 接触器检修后由于灭弧装置损坏，该接触器（　　　）继续使用。

    A. 仍能　　　　　　　　　　　　B. 不能

    C. 在额定电流下可以　　　　　　D. 短路故障下也可以

项目二　三相异步电动机控制电路装调

学习目标

1. 掌握电气控制系统图(包括电气原理图、电器元件布置图、电气安装接线图)的画法。
2. 掌握三相异步电动机控制电路的工作原理、作用及实现方法。
3. 具有严格地按照安全操作规程完成电气控制电路装调的能力。
4. 具有完成集训材料的总结归档能力。
5. 具有科学素养、职业意识。
6. 具有精益求精的工匠精神。
7. 具有团队合作、责任担当意识。

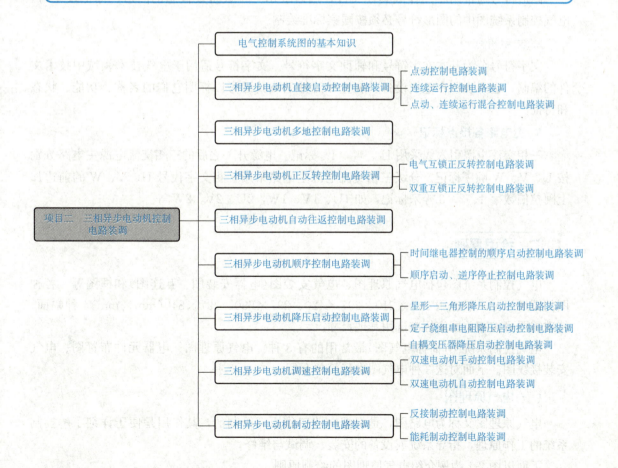

- 电气控制系统图的基本知识
- 三相异步电动机直接启动控制电路装调
  - 点动控制电路装调
  - 连续运行控制电路装调
  - 点动、连续运行混合控制电路装调
- 三相异步电动机多地控制电路装调
- 三相异步电动机正反转控制电路装调
  - 电气互锁正反转控制电路装调
  - 双重互锁正反转控制电路装调

项目二　三相异步电动机控制电路装调

- 三相异步电动机自动往返控制电路装调
- 三相异步电动机顺序控制电路装调
  - 时间继电器控制的顺序启动控制电路装调
  - 顺序启动、逆序停止控制电路装调
- 三相异步电动机降压启动控制电路装调
  - 星形—三角形降压启动控制电路装调
  - 定子绕组串电阻降压启动控制电路装调
  - 自耦变压器降压启动控制电路装调
- 三相异步电动机调速控制电路装调
  - 双速电动机手动控制电路装调
  - 双速电动机自动控制电路装调
- 三相异步电动机制动控制电路装调
  - 反接制动控制电路装调
  - 能耗制动控制电路装调

任务一　电气控制系统图的基本知识

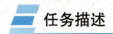

任务描述

了解电气控制系统图(包括电气原理图、电气安装图、电器元件布置图)的绘制方法。

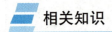

相关知识

一、图形、文字符号

1. 图形符号

图形符号通常用于图样或其他文件,用以表示一个设备或概念的图形、标记或字符。电气控制系统图中的图形符号必须按国家标准绘制。

2. 文字符号

文字符号分为基本文字符号和辅助文字符号。文字符号适用于电气技术领域中技术文件的编制,也可表示在电气设备、装置和元件上或其近旁以标明它们的名称、功能、状态和特征。

3. 主电路各接点标记

三相交流电源引入线采用 L_1、L_2、L_3 标记。电源开关之后的三相交流电源主电路分别按 U、V、W 顺序标记。分级三相交流电源主电路采用三相文字代号 U、V、W 的前边加上阿拉伯数字 1、2、3 等来标记,如 1U、1V、1W、2U、2V、2W 等。

二、绘图原则

电气控制系统图包括电气原理图、电气安装图(电器安装图、互连图)和框图等。各种图的图纸尺寸一般选用 297×210、297×420、297×630、297×840(mm×mm)4 种幅面,特殊需要可按相关国家标准选用其他尺寸。

电气控制系统图(简称电气图)最常用的有 3 种:电气原理图、电器元件布置图、电气安装接线图。下面对这 3 种电气图进行简单介绍。

(一)电气原理图

电气原理图又称为电路图,是根据电路工作原理绘制的,其作用是便于详细了解控制系统的工作原理,指导系统或设备的安装、调试与维修。

下面以图 2-1 为例介绍电气原理图的绘制原则。

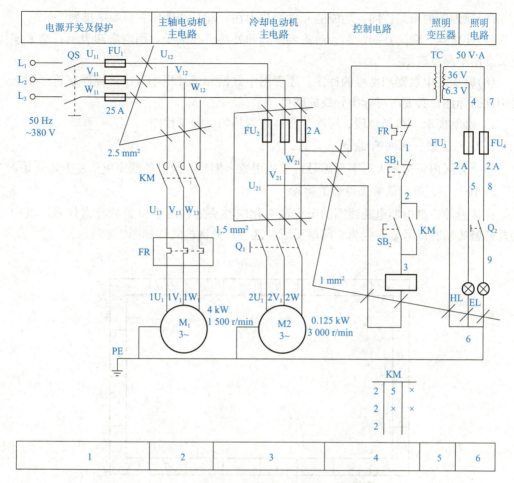

图 2-1　CW6132 型车床控制系统电气原理图

1. 绘制电路图的原则

（1）电气原理图的组成。电气原理图可分为主电路和辅助电路。主电路是从电源到电动机或线路末端的电路，是强电流通过的电路，其内有刀开关、熔断器、接触器主触头、热继电器和电动机等。辅助电路包括控制电路、照明电路、信号电路及保护电路等，是小电流通过的电路。绘制电路图时，主电路用粗线条绘制在原理图的左侧或上方，辅助电路用细线条绘制在原理图的右侧或下方。

（2）电气原理图中电器元件图形符号、文字符号及标号必须采用最新国家标准。

（3）电源线的画法。原理图中直流电源用水平线画出，正极在上，负极在下；三相交流电源线水平画在上方，相序从上到下依 L_1、L_2、L_3、中性线（N 线）和保护地线（PE 线）画出。主电路要垂直电源线画出，控制电路和信号电路垂直在两条水平电源线之间。

（4）元器件的画法。元器件均不画元件外形，只画出带电部件，且同一电器上的带电部件可不画在一起，而是按电路中的连接关系画出，但必须用国家标准规定的图形符号画出，且要用同一文字符号标明。

（5）电气原理图中触头的画法。原理图中各元件触头状态均按没有外力或未通电时触头的原始状态画出。当触头的图形符号垂直放置时，以"左开右闭"原则绘制；当触头的图形符号水平放置时，以"上闭下开"的原则绘制。

(6)原理图的布局。同一功能的元件要集中在一起且按动作先后顺序排列。

(7)连接点、交叉点的绘制。对需要拆卸的外部引线端子，用空心圆表示；交叉连接的交叉点用小黑点表示。

(8)原理图中数据和型号的标注。原理图中数据和型号用小写字体标注在符号附近，导线用截面标注，必要时可标出导线的颜色。

(9)绘制要求。布局合理、层次分明、排列均匀、便于读图。

2. 电气原理图图面的划分

每个分区内竖边用大写字母编号，横边用数字编号。编号的顺序应从左上角开始。

3. 接触器、继电器触头位置的检索

在接触器、继电器电磁线圈的下方注有相应触头缩在图中位置的检索代号，其中左栏为常开触头所在区号，右栏为常闭触头所在区号。分区的式样如图2-2所示。

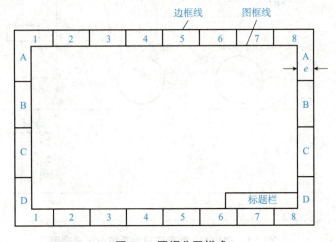

图 2-2　图幅分区样式

在具体使用时，对垂直布置的电路，一般只需标明列的标记。例如在图2-1的下部，只标明了列的标记。图区左侧第"1"列上部对应的"电源开关及保护"字样，表明对应区域元件或电路的功能，使读者能清楚地知道某个元件或某部分电路的功能，以利于理解整个电路的工作原理。分区以后，相当于在图上建立了一个二维坐标系，元件的相关触点位置可以很方便地找到。

触点位置的索引：

元件触点位置的索引采用"图号/页次/图区号（行列号）"组合表示，如"图 1234/56/B2"。

当某图号仅有一页图时，可省去页次，只写图号和图区号；在只有一个图号时，可省去图号，只写页次和图区号；当元件的相关触点只出现在一张图样上时，只标出图区号。

在电气原理图中，接触器和继电器触点的位置应用附图表示。即在电气原理图相应线圈的下方，给出线圈的文字符号，并在其下面注明相应触点的图区号，对未使用的触点用"×"标注，也可以不予标注，如图2-1所示。

附图中接触器各栏的含义如图2-3所示。

附图中继电器各栏的含义如图2-4所示。

图 2-3　附图中接触器各栏的含义

图 2-4　附图中继电器各栏的含义

(二)电器元件布置图

电器元件布置图主要用来表明电气控制设备中所有电器元件的实际位置,为电气控制设备的安装及维修提供必要的资料。各电器元件的安装位置是由控制设备的结构和工作要求决定的。例如,电动机要和被拖动的机械部件在一起,行程开关应放在需要取得动作信号的地方,操作元件要放在操作方便的地方,一般电器元件应放在控制柜内。

图 2-5 所示为某车床的电器元件布置图。

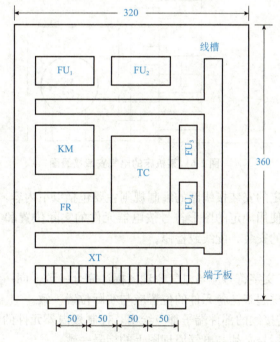

图 2-5　某车床的电器元件布置图

电器元件布置图绘制时注意以下几方面:

(1)体积大和较重的元件应安装在下方,发热元件安装在上方。

(2)强、弱电之间要分开,弱电部分要加屏蔽。

(3)需要经常调整、检修的元件安装高度要适中。

(4)元件的布置要整齐、对称、美观。

(5)元件布置不要过密,以利于布线和维修。

(三)电气安装接线图

电气安装接线图是表明电气设备之间实际接线情况的图，主要用于安装接线、线路检查、线路维修和故障处理。图 2-6 所示为某机床的电气安装接线图。

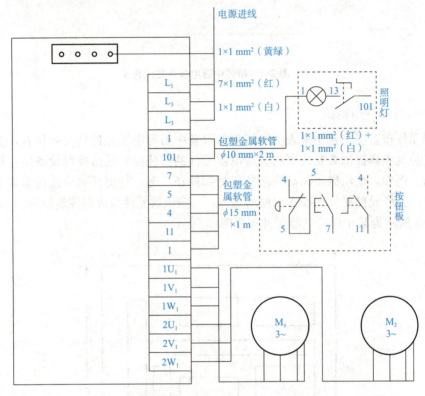

图 2-6　某机床的电气安装接线图

国家有关标准规定的安装接线图的编制规则主要包括以下内容：

电气安装接线图使用规定的图形符号按电器元件的实际位置和实际接线来绘制，用于电气设备和电器元件的安装、配线或检修。

绘制规则如下：

(1)元件的图形、文字符号应与电气原理图标注完全一致。同一元件的各个部件必须画在一起，并用点画线框起来。各元件的位置应与实际位置一致。

(2)各元件上凡需接线的部件端子都应绘出，控制板内外元件的电气连接一般要通过端子排进行，各端子的标号必须与电气原理图上的标号一致。

(3)走向相同的多根导线可用单线或线束表示。

(4)接线图中应标明连接导线的规格、型号、根数、颜色和穿线管的尺寸等。

任务实施

(1)以小组为单位熟悉电气原理图的绘制原则，参照后续任务画出任意一个控制电路的电气原理图。

电气原理图

(2)学习评价(表 2-1)。

表 2-1　学习评价表

项目	总分	评分细则	得分
文字符号、图形符号	20	电气原理图中电器元件图形符号、文字符号及标号必须符合最新国家标准	
原理图布局	40	同一功能的元件要集中在一起且按动作先后顺序排列	
整体呈现	20	布局合理、层次分明、排列均匀、便于读图	
团队合作精神	20	团队合作互助	
合计			

任务二　三相异步电动机直接启动控制电路装调

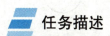
任务描述

　　电气设备工作时常常需要进行点动调整,如车刀与工件位置的调整,因此需要用点动控制电路来完成。点动控制是指按下按钮时,电动机通电启动、运行;松开按钮时,电动机断电、停止。在操作点动控制电路时,操作人员的手始终不能离开按钮,不能从事其他的工作;如果要求电动机启动后能连续运转,则要采用接触器自锁控制电路。

三相异步电动机的启动就是把电动机与电源接通，使电动机由静止状态逐渐加速到稳定运行状态的过程。笼型异步电动机有直接启动和降压启动两种启动方式。

一、直接启动

直接启动（又称全压启动），是指将额定电压直接、全部加到电动机定子绕组上的启动方式。虽然这种启动方式的启动电流较大（为额定电流的 5～7 倍），会使电网电压降低而影响附近其他电气设备的稳定运行，但因其电路简单、启动力矩大、启动时间短，所以应用仍然十分广泛。

电动机只需满足下述三个条件中的一个，就可以直接启动：

(1)电动机额定容量≤7.5 kW；

(2)电动机额定容量≤专用电源变压器容量的 15%～20%；

(3)满足经验公式：

$$I_{st}/I_N \leqslant 3/4 + S/(4P_N)$$

式中　I_{st}——电动机启动电流(A)；

　　　I_N——电动机额定电流(A)；

　　　S——电源容量(kV·A)；

　　　P_N——电动机额定功率(kW)。

三相异步电动机单向直接启动既可采用刀开关、低压断路器手动控制，也可采用接触器控制。

二、刀开关控制

刀开关适用于控制容量较小（如小型台钻、砂轮机、冷却泵的电动机等）、操作不频繁的电动机。刀开关控制三相异步电动机单向直接启动电路如图 2-7(a)所示。

1. 工作原理

合上刀开关 QS，电动机直接启动；断开刀开关 QS，电动机断电。

2. 实现保护

短路保护由熔断器 FU 实现。

三、低压断路器控制

低压断路器适用于控制容量较大、操作不频繁的电动机。低压断路器控制三相异步电动机单向直接启动电路如图 2-7(b)所示。

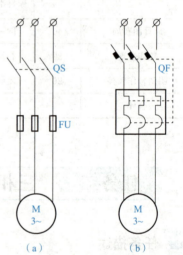

图 2-7　刀开关、低压断路器控制的电动机单向直接启动电路

(a)单向直接启动电路；(b)低压断路器控制

1. 工作原理

合上低压断路器 QF，电动机直接启动；断开低压断路器 QF，电动机断电。

2. 实现保护

短路保护、过载保护、欠压保护、失压保护——均由低压断路器 QF 实现。

四、接触器控制

接触器适用于远距离控制容量较大、操作频繁的电动机。根据控制要求的不同，其控制方式有点动控制、长动控制、点动与长动混合控制三种。

❈ 子任务一　点动控制电路装调

▮ 相关知识

有些生产机械要求短时工作(如车床刀架的快速移动、钻床摇臂的升降、电动葫芦的升降和移动等)，为操作方便，通常采用图 2-8 所示的电路进行控制。

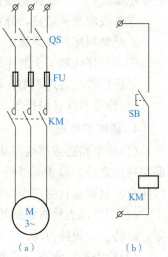

一、工作原理

(1)启动：按下启动按钮 SB→接触器 KM 线圈通电→KM 主触点闭合→电动机 M 通电启动。

(2)停止：松开启动按钮 SB→接触器 KM 线圈断电→KM 主触点断开→电动机 M 断电。

这种按下启动按钮电动机启动、松开启动按钮电动机停止的控制，称为点动控制。

二、电路实现保护

图 2-8　点动控制原理图

(a)主电路；(b)控制电路

(1)短路保护由熔断器 FU 实现。

(2)欠压、失压保护由接触器 KM 实现。

由于点动控制的电动机工作时间较短，热继电器来不及反映其过载电流，因此没有必要设置过载保护。

三、接线步骤及工艺要求

1. 检查器件

(1)用万用表或目视检查元件数量、质量。

(2)测量接触器线圈阻抗，为检测控制电路接线是否正确做准备。

2. 安装元件

(1)按布置图在配线板上安装线槽和电器元件。

(2)工艺要求。

①断路器、熔断器的受电端子应安装在配线板的外侧，并确保熔断器的受电端为底座的中心端。

②各元件的安装位置应整齐、匀称，间距合理。

③紧固元件时，用力要均匀，紧固程度适当。

3. 布线

(1)接线前断开电源。

(2)初学者应按主电路、控制电路的先后顺序，由上至下、由左至右依次连接。

(3)工艺要求。

①布线通道尽可能少、导线长度尽可能短、导线数量尽可能少。

②同路并行导线按主电路、控制电路分类集中，单层密排，紧贴安装面布线。

③同一平面的导线应高低一致或前后一致，走线合理，不能交叉或架空。

④对螺栓式接点，导线按顺时针方向弯圈；对压片式接点，导线可直接插入压紧；不能压绝缘层，也不能露铜过长。

⑤布线应横平竖直，分布均匀，变换走向时应垂直。

⑥严禁损坏导线绝缘和线芯。

⑦一个接线端子上的连接导线不宜多于两根。

⑧进出线应合理汇集在端子排上。

(4)检查布线。根据图 2-6 所示电路检查配线板布线的正确性。

4. 通电前检查

(1)按电路图或接线图从电源端开始，逐段核对接线及接线端子处线号是否正确，有无漏接错接之处。检查导线接点是否符合要求，压线是否结实。同时注意接点接触应良好，以防止带负载运转时产生闪弧现象。

(2)用万用表检查线路的通断情况。检查时，应选用 $R \times 100$ 倍率的电阻挡，并进行校零，以防发生短路故障。

(3)检查控制电路，可将万用表的表笔分别搭接在 U_{12}、V_{12}线端上，读数应为"∞"，按下启动按钮时读数应为交流接触器线圈的直流电阻阻值约 2 kΩ。

(4)检查主电路时，可以手动来代替接触器受电线圈励磁吸合时的情况进行检查，即按下 KM 触点系统，用万用表检测 L_1—U、L_2—V、L_3—W 是否相导通。

5. 试车

(1)准备工作。为保证学生的安全，通电试车必须在指导教师的监护下进行。试车前应做好准备工作，包括清点工具；去除安装底板上的线头杂物；装好接触器的灭弧罩；检查各组熔断器的熔体；分断各开关，使按钮、行程开关处于未操作前的状态；检查三相电源是否对称等。

(2)空操作试验。正确连接好电源后，接通三相电源，使线路不带负荷(电动机)通电操作，以检查辅助电路工作是否正常。操作各按钮检查它们对接触器的控制作用；检查接触器的控制作用；注意有无卡住或阻滞等不正常现象；细听电器动作时有无过大的振动噪声；检查有无线圈过热等现象。

（3）带负荷试车。控制线路经过数次空操作试验动作无误，即可切断电源后，再正确连接好电动机带负荷试车。电动机启动前应先做好停车准备，启动后要注意它的运行情况。如果发现电动机启动困难、发出噪声及线圈过热等异常现象，应立即停车，切断电源后进行检查。

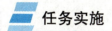
任务实施

一、工具准备

万用表以及螺钉旋具（一字、十字）、剥线钳、尖嘴钳、钢丝钳等常用接线工具。

二、实施步骤

（1）确定控制方案。根据本任务的任务描述和控制要求，确定控制方案。

（2）绘制原理图、标注节点号码，并说明其工作原理和具有的保护功能。

（3）绘制电器元件布置图、安装接线图。

电器元件布置图

安装接线图

（4）选择器件、导线。根据低压断路器、熔断器、接触器、热继电器、复合按钮、端子排、导线的选择原则，结合本任务具体参数（线路额定电压为～380 V、电动机额定电流为15.4 A），选择本任务所需元器件、导线的型号和数量，参见表2-2。

表2-2　器材参考表

序号	名称	型号	主要技术数据	数量
1	低压断路器	DZ5-50/300	塑壳式，AC 380 V，50 A，3 极，无脱扣器	1
2	熔断器（主电路）	RL1-60/40	螺旋式，AC 380/400 V，熔管 60 A，熔体 40A	3
3	熔断器（控制电路）	RL1-15/2	螺旋式，AC 380/400 V，熔管 15 A，熔体 2 A	2
4	交流接触器	CJ20-25	AC 380 V，主触点额定电流 25 A	1
5	热继电器	JR20-25	热元件号 2T，整定电流范围为 11.6～14.3～17 A	1
6	常开按钮	LA4-3H	具有 3 对常开、3 对常闭触点，额定电流 5 A	1
7	端子排（主电路）	JX3-25	额定电流 25 A	12
8	端子排（控制电路）	JX3-5	额定电流 5 A	8
9	导线（主电路）	BVR-6	聚氯乙烯绝缘铜芯软线，6 mm²	若干
10	导线（控制电路）	BVR-1.5	聚氯乙烯绝缘铜芯软线，1.5 mm²	若干

（5）检查元器件。

（6）固定控制设备并完成接线。

（7）检查测量。

（8）通电试车（表2-3）。

表2-3　通电后过程现象记录表

项目	接触器线圈吸合状态	接触器触点状态	电动机状态
按下按钮：			
按下按钮：			

(9)学习评价(表 2-4)。

表 2-4　学习评价表

项目	总分	评分细则	得分
元件安装	20	1. 元件布置不整齐、不合理，每只扣 2 分； 2. 元件安装不牢固，每只扣 1 分； 3. 损坏元件，每只扣 3 分	
电路连接	40	1. 未画安装图、原理图上未标注电位号，各扣 3 分； 2. 接点松动、线头露铜超过 2 mm、反圈、压绝缘层，每处扣 1 分； 3. 导线交叉，每根扣 1 分； 4. 一个接线点超过 2 根线，每处扣 1 分； 5. 导线未进入线槽，每根扣 1 分； 6. 按钮和电动机外连接线未从端子排过渡，各扣 2 分	
通电	20	1. 出现短路故障扣 2 分； 2. 1 次通电不成功，扣 10 分，以后每次通电不成功，均扣 5 分	
安全文明生产、团队合作精神	20	每违反一次，扣 10 分	
合计			

❊ 子任务二　连续运行控制电路装调

相关知识

生产实际中，大部分生产机械(如机床的主轴、水泵等)要求能长期连续运转，为满足控制要求，通常采用图 2-9 所示的电路进行控制。

一、工作原理

启动：按下启动按钮 SB_2→接触器 KM 线圈通电→KM 所有触点全部动作。

KM 主触点闭合→电动机 M 通电启动。

KM 常开辅助触点闭合→保持 KM 线圈通电→松开 SB_2。

显然，松开 SB_2 前，KM 线圈由两条线路供电：一条线路经由已经闭合的 SB_2，另一条线路经由已经闭合的 KM 常开辅助触点。这样，当松开 SB_2 后，KM 线圈仍可通过其已经闭合的常开辅助触点继续通电，其主触点仍然闭合，电动机仍然通电。

停止：按下停止按钮 SB_1→KM 线圈断电→KM 所有触点全部复位。

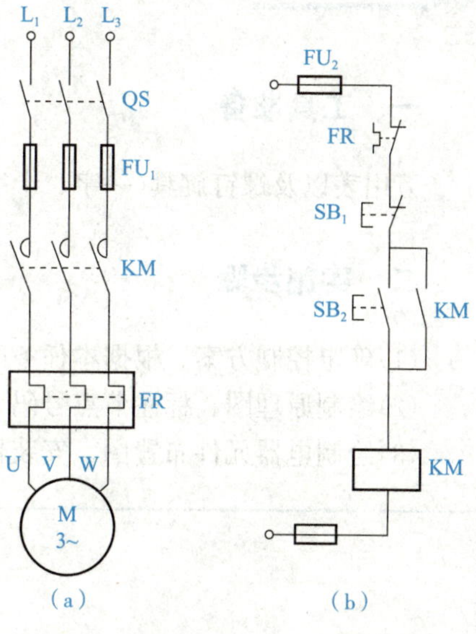

图 2-9　长动(连续运行)控制原理电路

(a)主电路；(b)控制电路

KM 主触点断开→电动机 M 断电。

KM 常开辅助触点断开→断开了 KM 线圈通电路径。

显然，松开 SB_1 后，虽然 SB_1 在复位弹簧的作用下恢复闭合状态，但此时 KM 线圈通电回路已断开，只有再次按下 SB_2，电动机才能重新通电启动。

这种按下再松开启动按钮后电动机能长期连续运转、按下停止按钮后电动机才停止的控制，称为长动控制；这种依靠接触器自身辅助触点保持其线圈通电的现象，称为自锁或自保持；这个起自锁作用的辅助触点，称为自锁触点。

二、实现保护

(1)短路保护。主电路和控制电路的短路保护分别由熔断器 FU_1、FU_2 实现。

(2)过载保护。由热继电器 FR 实现。当电动机出现过载时，主电路中的 FR 双金属片因过热变形，致使控制电路中的 FR 常闭触点断开，切断 KM 线圈回路，电动机停转。

(3)欠压、失压保护。由接触器 KM 实现。当电源电压由于某种原因降低或失去时，接触器电磁吸力急剧下降或消失，衔铁释放，KM 的触点复位，电动机停转。而当电源电压恢复正常时，只有再次按下启动按钮 SB_2 电动机才会启动，防止了断电后突然来电使电动机自行启动，造成人身或设备安全事故的发生。

三、接线步骤及工艺要求

安装步骤及工艺要求与子任务一相同，不再赘述。

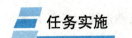 任务实施

一、工具准备

万用表以及螺钉旋具(一字、十字)、剥线钳、尖嘴钳、钢丝钳等常用接线工具。

二、实施步骤

(1)确定控制方案。根据本任务的任务描述和控制要求，选择长动控制方式。

(2)绘制原理图、标注节点号码，并说明其工作原理和具有的保护功能。

(3)绘制电器元件布置图、安装接线图。

电器元件布置图

安装接线图

（4）选择器件、导线。根据低压断路器、熔断器、接触器、热继电器、复合按钮、端子排、导线的选择原则，结合本任务具体参数（线路额定电压为～380 V、电动机额定电流为15.4 A），选择本任务所需元器件、导线的型号和数量，参见表2-5。

表2-5　器材参考表

序号	名称	型号	主要技术数据	数量
1	低压断路器	DZ5-50/300	塑壳式，AC 380 V，50 A，3极，无脱扣器	1
2	熔断器（主电路）	RL1-60/40	螺旋式，AC 380/400 V，熔管 60 A，熔体 40A	3
3	熔断器（控制电路）	RL1-15/2	螺旋式，AC 380/400 V，熔管 15 A，熔体 2A	2
4	交流接触器	CJ20-25	AC 380 V，主触点额定电流 25 A	1
5	热继电器	JR20-25	热元件号 2T，整定电流范围 11.6～14.3～17 A	1
6	常开按钮	LA4-3H	额定电流 5 A	1
7	常闭按钮	LA4-3H	额定电流 5 A	1
8	端子排（主电路）	JX3-25	额定电流 25 A	12
9	端子排（控制电路）	JX3-5	额定电流 5 A	8
10	导线（主电路）	BVR-6	聚氯乙烯绝缘铜芯软线，6 mm²	若干
11	导线（控制电路）	BVR-1.5	聚氯乙烯绝缘铜芯软线，1.5 mm²	若干

（5）检查元器件。

（6）固定控制设备并完成接线。

（7）检查测量。

（8）通电试车（表2-6）。

表2-6　通电后过程现象记录表

项目	接触器线圈吸合状态	接触器触点状态	电动机状态
按下按钮：			
按下按钮：			

(9)学习评价(表2-7)。

表 2-7　学习评价表

项目	总分	评分细则	得分
元件安装	20	1. 元件布置不整齐、不合理，每只扣 2 分； 2. 元件安装不牢固，每只扣 1 分； 3. 损坏元件，每只扣 3 分	
电路连接	40	1. 未画安装图、原理图上未标注电位号，各扣 3 分； 2. 接点松动、线头露铜超过 2 mm、反圈、压绝缘层，每处扣 1 分； 3. 导线交叉，每根扣 1 分； 4. 一个接线点超过 2 根线，每处扣 1 分； 5. 导线未进入线槽，每根扣 1 分； 6. 按钮和电动机外连接线未从端子排过渡，各扣 2 分	
通电	20	1. 出现短路故障，扣 2 分； 2. 1 次通电不成功，扣 10 分，以后每次通电不成功，均扣 5 分	
安全文明生产、团队合作精神	20	每违反一次，扣 10 分	
合计			

✽ 子任务三　点动、连续运行混合控制电路装调

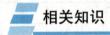 相关知识

在实际应用中，有些生产机械常常要求既能点动、又能长动，长动控制与点动控制的区别是自锁触点是否接入。这种控制的主电路与图 2-9 相同，控制电路如图 2-10 所示。

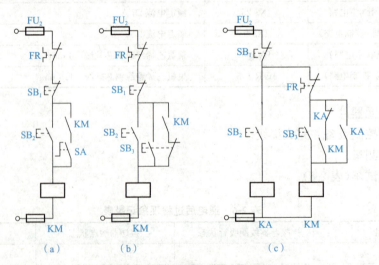

图 2-10　点动与长动混合控制电路

(a)带转换开关 SA；(b)由两个启动按钮控制；(c)利用中间继电器 KA 实现

(1)带转换开关 SA 的点动与长动混合控制电路，如图 2-10(a)所示。

①点动。需要点动时将 SA 断开。

②长动。需要长动时将 SA 合上。

(2)由两个启动按钮控制的点动与长动混合控制电路，如图 2-10(b)所示。

①点动。由复合按钮 SB$_3$ 实现点动控制。

②长动。由 SB$_2$ 实现长动控制。

(3)利用中间继电器 KA 实现的点动与长动混合控制电路，如图 2-10(c)所示。

①点动。由 SB$_2$ 实现点动控制。

②长动。由 SB$_3$ 实现长动控制。

上述混合控制电路的工作原理请读者自行分析。

(4)接线步骤及工艺要求。安装步骤及工艺要求与子任务一相同，不再赘述。

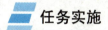 **任务实施**

一、工具准备

万用表以及螺钉旋具(一字、十字)、剥线钳、尖嘴钳、钢丝钳等常用接线工具。

二、实施步骤

(1)确定控制方案。根据本任务的任务描述和控制要求，选择点动及长动混合控制方式。

(2)绘制原理图、标注节点号码，并说明其工作原理和具有的保护功能。

(3)绘制电器元件布置图、安装接线图。

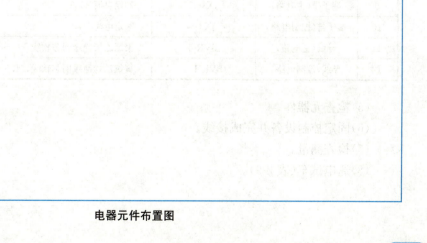

电器元件布置图

安装接线图

(4)选择器件、导线。根据低压断路器、熔断器、接触器、热继电器、复合按钮、端子排、导线的选择原则，结合本任务具体参数（线路额定电压为～380 V、电动机额定电流为15.4 A），选择本任务所需元器件、导线的型号和数量，参见表 2-8。

表 2-8　器材参考表

序号	名称	型号	主要技术数据	数量
1	低压断路器	DZ5-50/300	塑壳式，AC 380 V，50 A，3 极，无脱扣器	1
2	熔断器（主电路）	RL1-60/40	螺旋式，AC 380/400 V，熔管 60 A，熔体 40 A	3
3	熔断器（控制电路）	RL1-15/2	螺旋式，AC 380/400 V，熔管 15 A，熔体 2 A	2
4	交流接触器	CJ20-25	AC 380V，主触点额定电流 25 A	1
5	中间继电器	JX7-44	AC 220V，触点额定电流 5 A	1
6	热继电器	JR20-25	热元件号 2 T，整定电流范围 11.6～14.3～17 A	1
7	常开按钮	LA4-3H	额定电流 5 A	1
8	常闭按钮	LA4-3H	额定电流 5 A	1
9	端子排（主电路）	JX3-25	额定电流 25 A	12
10	端子排（控制电路）	JX3-5	额定电流 5 A	8
11	导线（主电路）	BVR-6	聚氯乙烯绝缘铜芯软线，6 mm²	若干
12	导线（控制电路）	BVR-1.5	聚氯乙烯绝缘铜芯软线，1.5 mm²	若干

(5)检查元器件。

(6)固定控制设备并完成接线。

(7)检查测量。

(8)通电试车（表 2-9）。

表 2-9　通电后过程现象记录表

项目	接触器 1 线圈吸合状态 接触器触点状态	接触器 2 线圈吸合状态 接触器触点状态	电动机状态
按下按钮：			
按下按钮：			
按下按钮：			
按下按钮：			
按下按钮：			

（9）学习评价（表 2-10）。

表 2-10　学习评价表

项目	总分	评分细则	得分
元件安装	20	1. 元件布置不整齐、不合理，每只扣 2 分； 2. 元件安装不牢固，每只扣 1 分； 3. 损坏元件，每只扣 3 分	
电路连接	40	1. 未画安装图、原理图上未标注电位号，各扣 3 分； 2. 接点松动、线头露铜超过 2 mm、反圈、压绝缘层，每处扣 1 分； 3. 导线交叉，每根扣 1 分； 4. 一个接线点超过 2 根线，每处扣 1 分； 5. 导线未进入线槽，每根扣 1 分； 6. 按钮和电动机外连接线未从端子排过渡，各扣 2 分	
通电	20	1. 出现短路故障，扣 2 分； 2. 1 次通电不成功，扣 10 分，以后每次通电不成功，均扣 5 分	
安全文明生产、 团队合作精神	20	每违反一次，扣 10 分	
合计			

任务三　　三相异步电动机多地控制电路装调

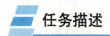 **任务描述**

在工矿企业中，一台电动机设备需要多地都能进行控制，这种情况也较为常见，如在配电室（动力柜、箱）、操作室（控制台）与现场（机床电动机旁）要求都能控制电动机；又如多地都需要一台电动机设备供水等。现要求设计出好的控制电路，既能满足生产的需要，又能使控制设备的投资少、安装维护简单。

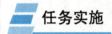

能在多个地方控制同一台电动机的启动和停止的控制方式，称为电动机的多地控制，其中最常用的是两地控制。

图 2-11 所示为三相笼型异步电动机单方向旋转的两地控制电路。其中 SB_1、SB_3 为安装在甲地的停止按钮和启动按钮，SB_2、SB_4 为安装在乙地的停止按钮和启动按钮，电路工作原理如下：

启动按钮 SB_3、SB_4 是并联的，按下任一启动按钮，接触器线圈都能通电并自锁，电动机通电旋转；停止按钮 SB_1、SB_2 是串联的，按下任一停止按钮后，都能使接触器线圈断电，电动机停转。

可见，将所有的启动按钮全部并联在自锁触点两端，所有的停止按钮全部串联在接触器线圈回路，就能实现多地控制。

安装步骤及工艺要求与任务二中子任务一相同，不再赘述。

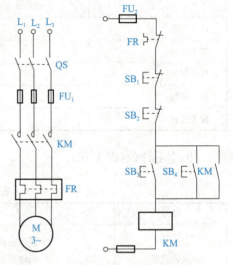

图 2-11 单方向旋转的两地控制电路

任务实施

一、工具准备

万用表以及螺钉旋具(一字、十字)、剥线钳、尖嘴钳、钢丝钳等常用接线工具。

二、实施步骤

(1)确定控制方案。根据本任务的任务描述和控制要求，确定控制方案。

(2)绘制原理图、标注节点号码，并说明其工作原理和具有的保护功能。

(3)绘制电器元件布置图、安装接线图。

电器元件布置图

安装接线图

（4）选择器件、导线。根据低压断路器、熔断器、接触器、热继电器、复合按钮、端子排、导线的选择原则，结合本任务具体参数（线路额定电压为～380V、电动机额定电流为15.4 A），选择本任务所需元器件、导线的型号和数量，参见表2-11。

表 2-11　器材参考表

序号	名称	型号	主要技术数据	数量
1	低压断路器	DZ5-50/300	塑壳式，AC 380 V，50 A，3极，无脱扣器	1
2	熔断器（主电路）	RL1-60/40	螺旋式，AC 380/400 V，熔管 60 A，熔体 40A	3
3	熔断器（控制电路）	RL1-15/2	螺旋式，AC 380/400 V，熔管 15 A，熔体 2A	2
4	交流接触器	CJ20-25	AC 380 V，主触点额定电流 25 A	1
5	热继电器	JR20-25	热元件号 2T，整定电流范围 11.6～14.3～17 A	1
6	常开按钮	LA4-3H	额定电流 5 A	3
7	常闭按钮	LA4-3H	额定电流 5 A	4
8	端子排（主电路）	JX3-25	额定电流 25 A	12
9	端子排（控制电路）	JX3-5	额定电流 5 A	8
10	导线（主电路）	BVR-6	聚氯乙烯绝缘铜芯软线，6 mm²	若干
11	导线（控制电路）	BVR-1.5	聚氯乙烯绝缘铜芯软线，1.5 mm²	若干

（5）检查元器件。

（6）固定控制设备并完成接线。

（7）检查测量。

(8)通电试车(表2-12)。

表2-12　通电后过程现象记录表

项目	接触器1线圈吸合状态 接触器触点状态	接触器2线圈吸合状态 接触器触点状态	电动机状态
按下按钮：			
按下按钮：			
按下按钮：			
按下按钮：			
按下按钮：			

(9)学习评价(表2-13)。

表2-13　学习评价表

项目	总分	评分细则	得分
元件安装	20	1. 元件布置不整齐、不合理，每只扣2分； 2. 元件安装不牢固，每只扣1分； 3. 损坏元件，每只扣3分	
电路连接	40	1. 未画安装图、原理图上未标注电位号，各扣3分； 2. 接点松动、线头露铜超过2 mm、反圈、压绝缘层，每处扣1分； 3. 导线交叉，每根扣1分； 4. 一个接线点超过2根线，每处扣1分； 5. 导线未进入线槽，每根扣1分； 6. 按钮和电动机外连接线未从端子排过渡，各扣2分	
通电	20	1. 出现短路故障扣2分； 2.1次通电不成功扣10分，以后每次通电不成功均扣5分	
安全文明生产、团队合作精神	20	每违反一次扣10分	
合计			

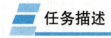

任务四　三相异步电动机正反转控制电路装调

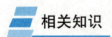

任务描述

　　全压启动控制电路只能使电动机单向旋转，但在生产实际中，有的生产机械要求电动机能实现正反两个方向运动，如机床工作台的前进与后退、机床主轴的正转与反转、起重机吊钩的上升与下降等。现要求设计、安装、调试出三相笼型异步电动机正反转控制电路。

相关知识

　　在实际应用中，往往要求生产机械改变运动方向，如工作台前进、后退，机床主轴的正向、反向运动，电梯的上升、下降等，这就要求电动机能实现正、反转运行。

从电动机原理得知，改变三相异步电动机定子绕组的电源相序，就可以改变电动机的旋转方向。在实际应用中，经常通过两个接触器改变电源相序的方法来实现电动机正、反转控制。

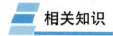   子任务一 电气互锁正反转控制电路装调

相关知识

一、没有互锁的正反转控制

图 2-12(a)所示为接触器实现的电动机正反转控制电路，其工作原理如下。

(1)正向启动。按下正转启动按钮 SB_2 →正向接触器 KM_1 线圈通电→ KM_1 所有触点动作：

KM_1 主触点闭合→电动机 M 正向启动；

KM_1 常开辅助触点闭合→自锁。

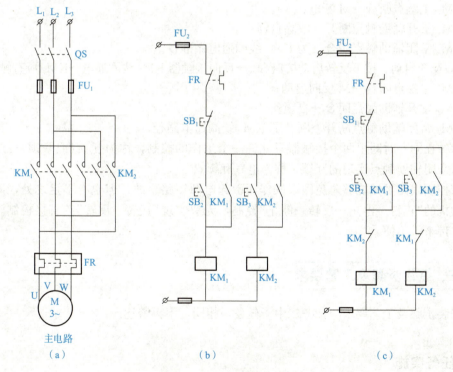

图 2-12 正反转控制电路

(a)主电路；(b)不带互锁正反转控制电路；(c)带互锁正反转控制电路

(2)停止。按下停止按钮 SB_1 → KM_1 线圈断电→ KM_1 所有触点复位：

KM_1 主触点断开→M 断电；

KM₁ 常开辅助触点断开→解除自锁。

(3)反向启动。按下反转启动按钮 SB₃→反向接触器 KM₂ 线圈通电→KM₂ 所有触点动作：

KM₂ 主触点闭合→M 反向启动；

KM₂ 常开辅助触点闭合→自锁。

该控制线路虽然可以完成正、反转的控制任务，但有一个最大的缺点：若在按下 SB₂ 后又误按下 SB₃，则 KM₁、KM₂ 均得电，这将造成 L₁、L₃ 两相短路，所以实际应用中这个电路是不存在的。

二、带互锁的正反转控制

为了避免误操作引起电源短路事故，必须保证图 2-12(a)中的两个接触器不能同时工作。图 2-12(c)成功地解决了这个问题：在正向、反向两个接触器线圈回路中互串一个对方的常闭触点即可。其工作原理如下：

(1)正向启动。按下正转启动按钮 SB₂→正向接触器 KM₁ 线圈通电→KM₁ 所有触点动作：

KM₁ 主触点闭合→电动机 M 正向启动；

KM₁ 常开辅助触点闭合→自锁；

KM₁ 常闭辅助触点断开→断开了反向接触器 KM₂ 线圈通电路径。

(2)停止。按下停止按钮 SB₁→KM₁ 线圈断电→KM₁ 所有触点复位：

KM₁ 主触点断开→M 断电；

KM₁ 常开辅助触点断开→解除自锁；

KM₁ 常闭辅助触点闭合→为 KM₂ 线圈通电做准备。

(3)反向启动。按下反转启动按钮 SB₃→反向接触器 KM₂ 线圈通电→KM₂ 所有触点动作：

KM₂ 主触点闭合→M 反向启动；

KM₂ 常开辅助触点闭合→自锁；

KM₂ 常闭辅助触点断开→断开了 KM₁ 线圈通电路径。

这种在同一时间里两个接触器只允许一个工作的控制，称为互锁(或联锁)；这种利用接触器常闭辅助触点实现的互锁，称为电气互锁。

该控制线路虽然能够避免因误操作而引起电源短路事故，但也有不足之处，即只能实现电动机的"正转—停止—反转—停止"控制，无法实现"正转—反转"的直接控制，这给某些操作带来了不便。

三、接线步骤及工艺要求

安装步骤及工艺要求与任务二中子任务一相同，不再赘述。

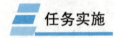 任务实施

一、工具准备

万用表以及螺钉旋具(一字、十字)、剥线钳、尖嘴钳、钢丝钳等常用接线工具。

二、实施步骤

(1)确定控制方案。根据本任务的任务描述和控制要求，确定控制方案。

(2)绘制原理图、标注节点号码，并说明其工作原理和具有的保护功能。

(3)绘制电器元件布置图、安装接线图。

电器元件布置图

安装接线图

(4)选择器件、导线。根据低压断路器、熔断器、接触器、热继电器、复合按钮、端子排、导线的选择原则，结合本任务具体参数(线路额定电压为～380 V、电动机额定电流为15.4 A)，选择本任务所需元器件、导线的型号和数量，参见表2-14。

表 2-14　器材参考表

序号	名称	型号	主要技术数据	数量
1	低压断路器	DZ5-50/300	塑壳式，AC 380 V，50 A，3 极，无脱扣器	1
2	熔断器(主电路)	RL1-60/40	螺旋式，AC 380/400 V，熔管 60 A，熔体 40 A	3
3	熔断器(控制电路)	RL1-15/2	螺旋式，AC 380/400 V，熔管 15 A，熔体 2 A	2
4	交流接触器	CJ20-25	AC 380 V，主触点额定电流 25 A	2
5	热继电器	JR20-25	热元件号 2T，整定电流范围 11.6～14.3～17 A	1
6	常开按钮	LA4-3H	额定电流 5 A	2
7	常闭按钮	LA4-3H	额定电流 5 A	3
8	端子排(主电路)	JX3-25	额定电流 25 A	12
9	端子排(控制电路)	JX3-5	额定电流 5 A	8
10	导线(主电路)	BVR-6	聚氯乙烯绝缘铜芯软线，6 mm²	若干

(5)检查元器件。

(6)固定控制设备并完成接线。

(7)检查测量。

(8)通电试车(表2-15)。

表 2-15　通电后过程现象记录表

项目	接触器 1 线圈吸合状态 接触器触点状态	接触器 2 线圈吸合状态 接触器触点状态	电动机状态
按下按钮：			
按下按钮：			
按下按钮：			
按下按钮：			
按下按钮：			

(9)学习评价(表2-16)。

表 2-16　学习评价表

项目	总分	评分细则	得分
元件安装	20	1. 元件布置不整齐、不合理，每只扣 2 分； 2. 元件安装不牢固，每只扣 1 分； 3. 损坏元件，每只扣 3 分	

项目	总分	评分细则	得分
电路连接	40	1. 未画安装图、原理图上未标注电位号，各扣 3 分； 2. 接点松动、线头露铜超过 2 mm、反圈、压绝缘层，每处扣 1 分； 3. 导线交叉，每根扣 1 分； 4. 一个接线点超过 2 根线，每处扣 1 分； 5. 导线未进入线槽，每根扣 1 分； 6. 按钮和电动机外连接线未从端子排过渡，各扣 2 分	
通电	20	1. 出现短路故障，扣 2 分； 2.1 次通电不成功，扣 10 分，以后每次通电不成功，均扣 5 分	
安全文明生产、团队合作精神	20	每违反一次扣 10 分	
合计			

✳ 子任务二　双重互锁正反转控制电路装调

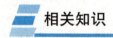 相关知识

为了解决图 2-12(b)中电动机不能从一个转向直接过渡到另一个转向的问题，在生产实际中常采用图 2-13 所示的双重互锁正反转控制电路。

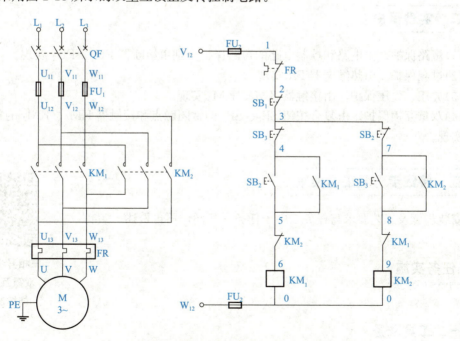

图 2-13　三相异步电动机双重互锁正反转控制电路

一、工作原理

(1)正向启动。按下正转启动按钮 SB_2：

SB_2 常闭触点断开→断开了反向接触器 KM_2 线圈通电路径；

SB_2 常开触点闭合→正向接触器 KM_1 线圈通电→KM_1 所有触点动作：

KM_1 主触点闭合→电动机 M 正向启动；

KM_1 常开辅助触点闭合→自锁；

KM_1 常闭辅助触点断开→电气互锁。

(2)反向启动。按下反转启动按钮 SB_3：

SB_3 常闭触点断开→KM_1 线圈断电→KM_1 所有触点复位：

KM_1 主触点断开→M 断电；

KM_1 常开辅助触点断开→解除自锁；

KM_1 常闭辅助触点闭合→解除互锁。

SB_3 常开触点闭合→反向接触器 KM_2 线圈通电→KM_2 所有触点动作：

KM_2 主触点闭合→M 反向启动；

KM_2 常开辅助触点闭合→自锁；

KM_2 常闭辅助触点断开→电气互锁。

(3)停止。按下停止按钮 SB_1→KM_1（或 KM_2）线圈断电→KM_1（或 KM_2）所有触点复位→M 断电。

该控制由于既有"电气互锁"，又有由复式按钮的常闭触点组成的"机械互锁"，故称为"双重互锁"。

二、实现保护

(1)短路保护。主电路和控制电路的短路保护分别由熔断器 FU_1、FU_2 实现。

(2)过载保护。由热继电器 FR 实现。

(3)欠压、失压保护。由接触器 KM_1、KM_2 实现。

(4)双重互锁保护。由复合按钮 SB_1、SB_2 的常闭触点和接触器 KM_1、KM_2 的常闭辅助触点实现。

三、接线步骤及工艺要求

安装步骤及工艺要求与任务二中子任务一相同，不再赘述。

三相异步电动机
双重互锁正反
转控制电路

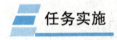 **任务实施**

一、工具准备

万用表以及螺钉旋具（一字、十字）、剥线钳、尖嘴钳、钢丝钳等常用接线工具。

二、实施步骤

(1)确定控制方案。根据本任务的任务描述和控制要求，确定控制方案。

(2)绘制原理图、标注节点号码，并说明其工作原理和具有的保护功能。

(3)绘制电器元件布置图、安装接线图。

电器元件布置图

安装接线图

(4)选择器件、导线。根据低压断路器、熔断器、接触器、热继电器、复合按钮、端子排、导线的选择原则，结合本任务具体参数(线路额定电压为～380 V、电动机额定电流为15.4 A)，选择本任务所需元器件、导线的型号和数量，参见表 2-17。

表 2-17　器材参考表

序号	名称	型号	主要技术数据	数量
1	低压断路器	DZ5-50/300	塑壳式，AC 380 V，50 A，3 极，无脱扣器	1
2	熔断器（主电路）	RL1-60/40	螺旋式，AC 380/400 V，熔管 60 A，熔体 40 A	3
3	熔断器（控制电路）	RL1-15/2	螺旋式，AC 380/400 V，熔管 15 A，熔体 2 A	2
4	交流接触器	CJ20-25	AC 380 V，主触点额定电流 25 A	2
5	热继电器	JR20-25	热元件号 2T，整定电流范围 11.6～14.3～17 A	1
6	常开按钮	LA4-3H	额定电流 5 A	2
7	常闭按钮	LA4-3H	额定电流 5 A	3
8	端子排（主电路）	JX3-25	额定电流 25 A	12
9	端子排（控制电路）	JX3-5	额定电流 5 A	8
10	导线（主电路）	BVR-6	聚氯乙烯绝缘铜芯软线，6 mm^2	若干

(5)检查元器件。

(6)固定控制设备并完成接线。

(7)检查测量。

(8)通电试车(表 2-18)。

表 2-18　通电后过程现象记录表

项目	接触器 1 线圈吸合状态 接触器触点状态	接触器 2 线圈吸合状态 接触器触点状态	电动机状态
按下按钮：			
按下按钮：			
按下按钮：			
按下按钮：			
按下按钮：			

(9)学习评价(表 2-19)。

表 2-19　学习评价表

项目	总分	评分细则	得分
元件安装	20	1. 元件布置不整齐、不合理，每只扣 2 分； 2. 元件安装不牢固，每只扣 1 分； 3. 损坏元件，每只扣 3 分	
电路连接	40	1. 未画安装图、原理图上未标注电位号，各扣 3 分； 2. 接点松动、线头露铜超过 2 mm、反圈、压绝缘层，每处扣 1 分； 3. 导线交叉，每根扣 1 分； 4. 一个接线点超过 2 根线，每处扣 1 分； 5. 导线未进入线槽，每根扣 1 分； 6. 按钮和电动机外连接线未从端子排过渡，各扣 2 分	

项目	总分	评分细则	得分
通电	20	1. 出现短路故障，扣 2 分； 2. 1 次通电不成功，扣 10 分，以后每次通电不成功，均扣 5 分	
安全文明生产、团队合作精神	20	每违反一次扣 10 分	
合计			

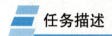

任务五　三相异步电动机自动往返控制电路装调

任务描述

在生产实践中，有些生产机械，如工厂车间里的行车需要在规定的轨道上运行；有些生产机械的工作台需要在一定距离内自动往复运行，如导轨磨床、龙门刨床等，从而使工件能连续加工。这些设备都要求能对电动机的运行位置实现控制。

相关知识

图 2-14 所示为机床工作台自动往复运动示意。将行程开关 SQ_1 安装在右端需要进行反向运行的位置 A 上、行程开关 SQ_2 安装在左端需要进行反向运行的位置 B 上、撞块安装在由电动机拖动的工作台等运动部件上，极限位置保护行程开关 SQ_3、SQ_4 分别安装在行程开关 SQ_1、SQ_2 后面。

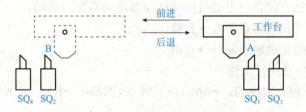

图 2-14　机床工作台自动往复运动示意

一、工作原理

图 2-15 所示为自动往复循环控制电路，其电路工作原理如下。

(1)启动。按下启动按钮 SB_2(SB_3)：

SB_2(SB_3)常闭触点断开→断开 KM_2(KM_1)线圈通电路径；

SB_2(SB_3)常开触点闭合→KM_1(KM_2)线圈通电→KM_1(KM_2)所有触点动作：

KM_1(KM_2)主触点闭合→电动机拖动运动部件向左(右)运动；

KM_1(KM_2)常开辅助触点闭合→自锁；

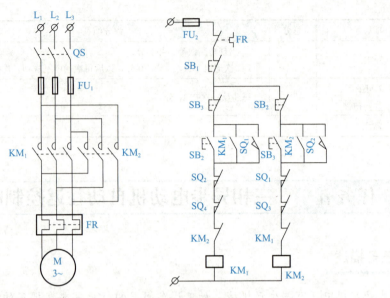

图 2-15 自动往复循环控制电路

KM$_1$（KM$_2$）常闭辅助触点断开→互锁。

（2）自动往复循环。当运动部件运动到位置 B（A）时，撞块碰到行程开关 SQ$_2$（SQ$_1$）→SQ$_2$（SQ$_1$）所有触点动作：

SQ$_2$（SQ$_1$）常闭触点先断开→KM$_1$（KM$_2$）线圈断电→KM$_1$（KM$_2$）所有触点复位：

KM$_1$（KM$_2$）主触点断开→电动机断电；

KM$_1$（KM$_2$）常开辅助触点断开→解除自锁；

KM$_1$（KM$_2$）常闭辅助触点闭合→解除互锁。

SQ$_2$（SQ$_1$）常开触点后闭合→KM$_2$（KM$_1$）线圈通电→KM$_2$（KM$_1$）所有触点动作：

KM$_2$（KM$_1$）主触点闭合→电动机拖动运动部件向右（左）运动；

KM$_2$（KM$_1$）常开辅助触点闭合→自锁；

KM$_2$（KM$_1$）常闭辅助触点断开→互锁。

如此周而复始自动往复工作。

（3）停止。按下停止按钮 SB$_1$→KM$_1$（或 KM$_2$）线圈断电→KM$_1$（或 KM$_2$）所有触点复位→电动机 M 断电。

二、实现保护

（1）短路保护。主电路和控制电路的短路保护分别由熔断器 FU$_1$、FU$_2$ 实现。

（2）过载保护。由热继电器 FR 实现。当电动机出现过载时，主电路中的 FR 双金属片因过热变形，致使控制电路中的 FR 常闭触点断开，切断 KM 线圈回路，电动机停转。

（3）欠压、失压保护。由接触器 KM$_1$、KM$_2$ 实现。

（4）极限位置保护。由行程开关 SQ$_3$、SQ$_4$ 实现。当行程开关 SQ$_1$ 或 SQ$_2$ 失灵时，则由后备极限保护行程开关 SQ$_3$ 或 SQ$_4$ 实现保护，避免运动部件因超出极限位置而发生事故，只是不能自动返回。

三、接线步骤及工艺要求

安装步骤及工艺要求与任务二中子任务一相同，不再赘述。

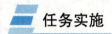 **任务实施**

工作台自动往返
运动控制电路

一、工具准备

万用表以及螺钉旋具(一字、十字)、剥线钳、尖嘴钳、钢丝钳等常用接线工具。

二、实施步骤

(1)确定控制方案。根据本任务的任务描述和控制要求，确定控制方案。
(2)绘制原理图、标注节点号码，并说明其工作原理和具有的保护功能。
(3)绘制电器元件布置图、安装接线图。

电器元件布置图

安装接线图

(4)选择器件、导线。根据低压断路器、熔断器、接触器、热继电器、复合按钮、端子排、导线的选择原则，结合本任务具体参数(线路额定电压为～380 V、电动机额定电流为15.4 A)，选择本任务所需元器件、导线的型号和数量，参见表2-20。

表 2-20　器材参考表

序号	名称	型号	主要技术数据	数量
1	低压断路器	DZ5-50/300	塑壳式，AC 380 V，50 A，3 极，无脱扣器	1
2	熔断器(主电路)	RL1-60/40	螺旋式，AC 380/400 V，熔管 60 A，熔体 40 A	3
3	熔断器(控制电路)	RL1-15/2	螺旋式，AC 380/400 V，熔管 15 A，熔体 2 A	1
4	交流接触器	CJ20-25	AC 380 V，主触点额定电流 25 A	2
5	行程开关	JLXK1-11	AC 380 V，触点额定电流 5 A	4
6	热继电器	JR20-25	热元件号 2T，整定电流范围 11.6～14.3～17 A	1
7	常开按钮	LA4-3H	额定电流 5 A	2
8	常闭按钮	LA4-3H	额定电流 5 A	3
9	端子排(主电路)	JX3-25	额定电流 25 A	12
10	端子排(控制电路)	JX3-5	额定电流 5 A	8

(5)检查元器件。

(6)固定控制设备并完成接线。

(7)检查测量。

(8)通电试车(表2-21)。

表 2-21　通电后过程现象记录表

项目	接触器1线圈吸合状态 接触器触点状态	接触器2线圈吸合状态 接触器触点状态	行程开关1 触点状态	行程开关2 触点状态	电动机状态
按下按钮：					
按下按钮：					
按下按钮：					
按下按钮：					
按下按钮：					

(9)学习评价(表2-22)。

表 2-22　学习评价表

项目	总分	评分细则	得分
元件安装	20	1. 元件布置不整齐、不合理，每只扣2分； 2. 元件安装不牢固，每只扣1分； 3. 损坏元件，每只扣3分	
电路连接	40	1. 未画安装图、原理图上未标注电位号，各扣3分； 2. 接点松动、线头露铜超过2 mm、反圈、压绝缘层，每处扣1分； 3. 导线交叉，每根扣1分； 4. 一个接线点超过2根线，每处扣1分； 5. 导线未进入线槽，每根扣1分； 6. 按钮和电动机外连接线未从端子排过渡，各扣2分	
通电	20	1. 出现短路故障，扣2分； 2.1次通电不成功，扣10分，以后每次通电不成功，均扣5分	
安全文明生产、 团队合作精神	20	每违反一次扣10分	
合计			

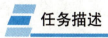

任务六　三相异步电动机顺序控制电路装调

任务描述

在装有多台电动机的生产机械上，各电动机所起的作用是不同的，有时需按一定的顺序启动，才能保证操作过程的合理性和工作的安全可靠。例如，X62W型万能铣床要求主轴电动机启动后，进给电动机才能启动；M7120型平面磨床的冷却泵电动机，要求在砂轮电动机启动后才能启动。像这种要求一台电动机启动后另一台电动机才能启动的控制方式，叫作电动机的顺序控制。

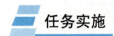
在多台电动机拖动的电气设备中，要求电动机有顺序地启动和停止的控制，称为顺序控制。顺序控制可以由主电路实现，也可以由控制电路实现。

❊ 子任务一　时间继电器控制的顺序启动控制电路装调

相关知识

图 2-16 所示为利用时间继电器控制的顺序启动电路，当到达时间继电器的延时时间时，第二台电动机启动。

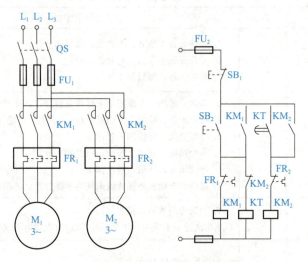

图 2-16　时间继电器控制的顺序启动电路

图 2-16 所示是两台电动机自动延时启动电路。启动时，先按下 SB_2，KM_1 得电，M_1 启动运行，同时时间继电器 KT 得电并延时闭合，使 KM_2 线圈回路接通，其主触点闭合，M_2 启动运行。若按下停止按钮 SB_1，则两台电动机 M_1、M_2 同时停止。

安装步骤及工艺要求与任务二中子任务一相同，不再赘述。

任务实施

一、工具准备

万用表以及螺钉旋具(一字、十字)、剥线钳、尖嘴钳、钢丝钳等常用接线工具。

二、实施步骤

(1)确定控制方案。根据本任务的任务描述和控制要求，确定控制方案。

(2)绘制原理图、标注节点号码，并说明其工作原理和具有的保护功能。

(3)绘制电器元件布置图、安装接线图。

电器元件布置图

安装接线图

(4)选择器件、导线。根据低压断路器、熔断器、接触器、热继电器、复合按钮、端子排、导线的选择原则，结合本任务具体参数(线路额定电压为～380 V、电动机额定电流为15.4 A)，选择本任务所需元器件、导线的型号和数量，参见表2-23。

表 2-23　器材参考表

序号	名称	型号	主要技术数据	数量
1	低压断路器	DZ5-50/300	塑壳式，AC 380 V，50 A，3 极，无脱扣器	1
2	熔断器(主电路)	RL1-60/40	螺旋式，AC 380/400 V，熔管 60 A，熔体 40 A	3
3	熔断器(控制电路)	RL1-15/2	螺旋式，AC 380/400 V，熔管 15 A，熔体 2 A	2
4	交流接触器	CJ20-25	AC 380 V，主触点额定电流 25 A	2
5	时间继电器	JST-2A	AC 220 V，额定电流 5 A	1
6	热继电器	JR20-25	热元件号 2T，整定电流范围 11.6～14.3～17 A	2
7	常开按钮	LA4-3H	额定电流 5 A	1
8	常闭按钮	LA4-3H	额定电流 5 A	1
9	端子排(主电路)	JX3-25	额定电流 25 A	12
10	端子排(控制电路)	JX3-5	额定电流 5 A	8

(5)检查元器件。

(6)固定控制设备并完成接线。

(7)检查测量。

(8)通电试车(表 2-24)。

表 2-24　通电后过程现象记录表

项目	接触器 1 线圈吸合状态 接触器触点状态	接触器 2 线圈吸合状态 接触器触点状态	电动机状态
按下按钮：			
按下按钮：			
按下按钮：			
按下按钮：			
按下按钮：			

(9)学习评价(表 2-25)。

表 2-25　学习评价表

项目	总分	评分细则	得分
元件安装	20	1. 元件布置不整齐、不合理，每只扣 2 分； 2. 元件安装不牢固，每只扣 1 分； 3. 损坏元件，每只扣 3 分	
电路连接	40	1. 未画安装图、原理图上未标注电位号，各扣 3 分； 2. 接点松动、线头露铜超过 2 mm、反圈、压绝缘层，每处扣 1 分； 3. 导线交叉，每根扣 1 分； 4. 一个接线点超过 2 根线，每处扣 1 分； 5. 导线未进入线槽，每根扣 1 分； 6. 按钮和电动机外连接线未从端子排过渡，各扣 2 分	

项目	总分	评分细则	得分
通电	20	1. 出现短路故障，扣 2 分； 2. 1 次通电不成功，扣 10 分，以后每次通电不成功均扣 5 分	
安全文明生产、团队合作精神	20	每违反一次，扣 10 分	
合计			

❋ 子任务二　顺序启动、逆序停止控制电路装调

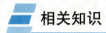 **相关知识**

(1)顺序启动。在接触器 KM_2 线圈回路中串接了接触器 KM_1 的动合辅助触点，只有 KM_1 线圈得电，KM_1 动合辅助触点闭合后，按下 SB_4，KM_2 线圈才能得电，从而保证了"M_1 启动后，M_2 才能启动"的顺序启动控制要求，如图 2-17 所示。

(2)逆序停止。在 SB_1 的两端并联了接触器 KM_2 的动合辅助触点，只有 KM_2 线圈断电，KM_2 的动合辅助触点断开，按下 SB_1，KM_1 线圈才能断电，实现了"M_2 停止后，M_1 才能停止"的逆序停止控制要求，如图 2-17 所示。

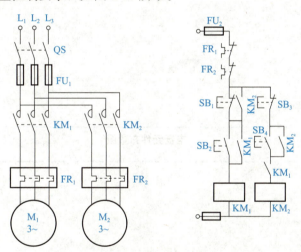

图 2-17　顺序启动、逆序停止控制线路

可见，若要求甲接触器工作后才允许乙接触器工作，应在乙接触器线圈电路中串入甲接触器的动合触点；若要求乙接触器线圈断电后才允许甲接触器线圈断电，应将乙接触器的动合触点并联在甲接触器的停止按钮两端。

(3)接线步骤及工艺要求。安装步骤及工艺要求与任务二中子任务一相同，不再赘述。

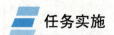 **任务实施**

一、工具准备

万用表以及螺钉旋具(一字、十字)、剥线钳、尖嘴钳、钢丝钳等常用接线工具。

二、实施步骤

(1)确定控制方案。根据本任务的任务描述和控制要求，确定控制方案。

(2)绘制原理图、标注节点号码，并说明其工作原理和具有的保护功能。

(3)绘制电器元件布置图、安装接线图。

电器元件布置图

安装接线图

(4)选择器件、导线。根据低压断路器、熔断器、接触器、热继电器、复合按钮、端子排、导线的选择原则，结合本任务具体参数(线路额定电压为～380 V、电动机额定电流为15.4 A)，选择本任务所需元器件、导线的型号和数量，参见表2-26。

表2-26　器材参考表

序号	名称	型号	主要技术数据	数量
1	低压断路器	DZ5-50/300	塑壳式，AC 380 V，50 A，3 极，无脱扣器	1
2	熔断器(主电路)	RL1-60/40	螺旋式，AC 380/400 V，熔管 60 A，熔体 40 A	3
3	熔断器(控制电路)	RL1-15/2	螺旋式，AC 380/400 V，熔管 15 A，熔体 2 A	2
4	交流接触器	CJ20-25	AC 380 V，主触点额定电流 25 A	2
5	热继电器	JR20-25	热元件号 2T，整定电流范围 11.6～14.3～17 A	2
6	常开按钮	LA4-3H	额定电流 5 A	2
7	常闭按钮	LA4-3H	额定电流 5 A	2
8	端子排(主电路)	JX3-25	额定电流 25 A	12
9	端子排(控制电路)	JX3-5	额定电流 5 A	8
10	导线(主电路)	BVR-6	聚氯乙烯绝缘铜芯软线，6 mm²	若干
11	导线(控制电路)	BVR-1.5	聚氯乙烯绝缘铜芯软线，1.5 mm²	若干

(5)检查元器件。

(6)固定控制设备并完成接线。

(7)检查测量。

(8)通电试车(表2-27)。

表2-27　通电后过程现象记录表

项目	接触器1线圈吸合状态 接触器触点状态	接触器2线圈吸合状态 接触器触点状态	电动机状态
按下按钮：			
按下按钮：			
按下按钮：			
按下按钮：			
按下按钮：			

(9)学习评价(表2-28)。

表2-28　学习评价表

项目	总分	评分细则	得分
元件安装	20	1. 元件布置不整齐、不合理，每只扣2分； 2. 元件安装不牢固，每只扣1分； 3. 损坏元件，每只扣3分	

项目	总分	评分细则	得分
电路连接	40	1. 未画安装图、原理图上未标注电位号，各扣 3 分； 2. 接点松动、线头露铜超过 2 mm、反圈、压绝缘层，每处扣 1 分； 3. 导线交叉，每根扣 1 分； 4. 一个接线点超过 2 根线，每处扣 1 分； 5. 导线未进入线槽，每根扣 1 分； 6. 按钮和电动机外连接线未从端子排过渡，各扣 2 分	
通电	20	1. 出现短路故障，扣 2 分； 2. 1 次通电不成功，扣 10 分，以后每次通电不成功，均扣 5 分	
安全文明生产、团队合作精神	20	每违反一次，扣 10 分	
合计			

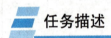

三相异步电动机降压启动控制电路装调

任务描述

生产车间新上一套生产设备，由一台三相笼型异步电动机拖动，该电动机由一台型号为 S9-30/6.3/0.4(三相铜绕组变压器、额定容量 30 kV·A，高压侧额定电压 6.3 kV，低压侧额定电压 0.4 kV)的专用电源变压器供电。

根据生产设备的具体工作情况，要求该电动机应能实现单向启动、连续运行，具有短路保护、过载保护、欠(失)压保护功能，能远距离频繁操作，同时其控制方式应力求结构简单、价格低。

相关知识

降压启动，是指降低加在电动机定子绕组上的电压(以降低启动电流、减小启动冲击)，待电动机启动后再将电压恢复到额定值(使之在额定电压下运行)的启动方式。

电动机若满足下述 3 个条件中的一个，就可以降压启动：

(1)电动机额定容量 ≥ 10 kW。

(2)电动机额定容量 ≥ 专用电源变压器容量的 20%。

(3)满足经验公式：

$$I_{st}/I_N \geqslant 3/4 + S/(4P_N)$$

式中　I_{st}——电动机启动电流(A)；

　　　I_N——电动机额定电流(A)；

　　　S——电源容量(kV·A)；

　　　P_N——电动机额定功率(kW)。

三相异步电动机常用的降压启动方法有 Y—△(星形—三角形)降压启动、定子绕组串电阻降压启动、自耦变压器降压启动、软启动控制等。

✳ 子任务一　星形—三角形降压启动控制电路装调

相关知识

　　若电动机在正常工作时其定子绕组是连接成三角形的，那么在启动时可以将定子绕组连接成星形，通电后电动机运转，当转速升高到接近额定转速时再换接成三角形连接。根据三相交流电路的理论，用星形—三角形换接启动可以使电动机的启动电流降低到全压启动时的1/3。但要引起注意的是，由于电动机的启动转矩与电压的平方成正比，所以，用星形—三角形换接启动时电动机的启动转矩也是直接启动时的1/3。这种启动方法适合电动机正常运行时定子绕组为三角形连接的空载或轻载启动。其接线原理线路如图2-18所示。

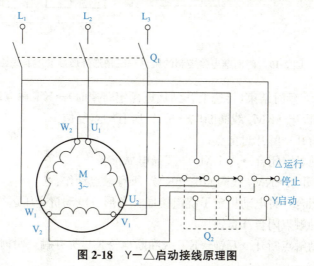

图 2-18　Y—△启动接线原理图

　　星形—三角形换接启动的特点是启动电流小，所需设备简单；力矩小，适合空载启动（轻载）；电动机额定电压必须是380 V星形接法。

　　这种降压启动方式既可以由时间继电器自动实现，也可以由按钮手动实现。

一、工作原理

（1）时间继电器控制的 Y—△降压启动控制线路，如图2-19所示。

① Y 降压启动。按下启动按钮 SB_2→KM_1、KM_3、KT 线圈同时通电：

接触器 KM_1 线圈通电→KM_1 所有触点动作：

KM_1 主触点闭合→接入三相交流电源；

KM_1 常开辅助触点闭合→自锁。

接触器 KM_3 线圈通电→KM_3 所有触点动作：

KM_3 主触点闭合→将电动机定子绕组接成星形→使电动机每相绕组承受的电压为三角形连接时的 $1/\sqrt{3}$、启动电流为三角形直接启动电流的1/3→电动机降压启动；

KM_3 常闭辅助触点断开→互锁；

时间继电器 KT 线圈通电→开始延时。

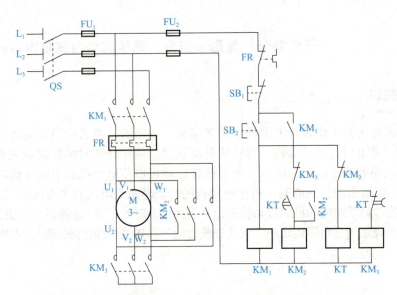

图 2-19　时间继电器控制的星形—三角形降压启动控制线路

②△全压运行。延时结束(转速上升到接近额定转速时)→KT 触点动作：

KT 常闭触点断开→KM₃ 线圈断电→KM₃ 所有触点复位：

KM₃ 主触点断开→解开封星点；

KM₃ 常闭辅助触点闭合→为 KM₂ 线圈通电做准备。

KT 常开触点闭合→KM₂ 线圈通电→KM₂ 所有触点动作：

KM₂ 主触点闭合→将电动机定子绕组接成三角形→电动机全压运行；

KM₂ 常开辅助触点闭合→自锁。

KM₂ 常闭辅助触点断开→互锁→KT 线圈断电→KT 所有触点瞬时复位(避免了时间继电器长期无效工作)。

(2)按钮控制的 Y—△降压启动控制线路，如图 2-20 所示。

①Y 降压启动。按下 Y 启动按钮 SB₂→KM、KM_Y 线圈同时通电：

接触器 KM 线圈通电→KM 所有触点动作：

KM 主触点闭合→接入三相交流电源；

KM 常开辅助触点闭合→自锁。

接触器 KM_Y 线圈通电→KM_Y 所有触点动作：

KM_Y 主触点闭合→将电动机定子绕组接成星形→电动机降压启动；

KM_Y 常闭辅助触点断开→互锁。

②△全压运行。当转速上升到接近额定转速时，按下△运行按钮 SB₃→SB₃ 触点动作：

SB₃ 常闭触点先断开→KM_Y 线圈断电→KM_Y 所有触点复位：

KM_Y 主触点断开→解开封星点；

KM_Y 常闭辅助触点闭合→为 KM_△ 线圈通电做准备。

SB₃ 常开触点后闭合→KM_△ 线圈通电→KM_△ 所有触点动作：

KM_△ 主触点闭合→将电动机定子绕组接成三角形→电动机全压运行；

KM_△ 常开辅助触点闭合→自锁；

KM_△ 常闭辅助触点断开→互锁。

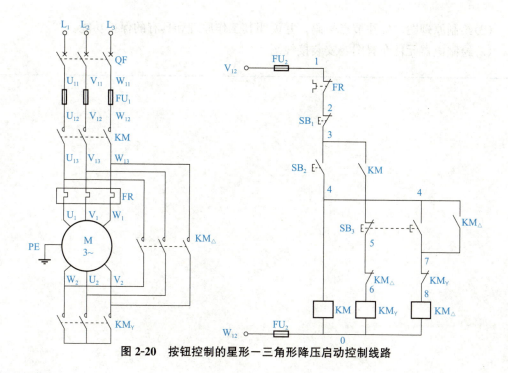

图 2-20　按钮控制的星形—三角形降压启动控制线路

二、电路特点

在所有降压启动控制方式中，Y—△降压启动控制方式结构最简单、价格最低，并且当负载较轻时，可一直星形运行以节约电能。

但是，Y—△降压启动控制方式在限制启动电流的同时，启动转矩也降为三角形直接启动时的 1/3，因此，它只适用空载或轻载启动的场合；并且只适用于正常运行时定子绕组接成三角形的三相笼型电动机。

三、接线步骤及工艺要求

安装步骤及工艺要求与任务二中子任务一相同，不再赘述。

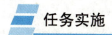 **任务实施**

一、工具准备

万用表以及螺钉旋具(一字、十字)、剥线钳、尖嘴钳、钢丝钳等常用接线工具。

二、实施步骤

(1)确定控制方案。根据本任务的任务描述和控制要求，确定控制方案。

(2)绘制原理图、标注节点号码，并说明其工作原理和具有的保护功能。

(3)绘制电器元件布置图、安装接线图。

电器元件布置图

安装接线图

(4)选择器件、导线。根据低压断路器、熔断器、接触器、热继电器、复合按钮、端子排、导线的选择原则，结合本任务具体参数(线路额定电压为～380 V、电动机额定电流为15.4 A)，选择本任务所需元器件、导线的型号和数量，参见表2-29。

表 2-29　器材参考表

序号	名称	型号	主要技术数据	数量
1	低压断路器	DZ5-50/300	塑壳式，AC 380 V，50 A，3 极，无脱扣器	1
2	熔断器(主电路)	RL1-60/40	螺旋式，AC 380/400 V，熔管 60 A，熔体 40 A	3
3	熔断器(控制电路)	RL1-15/2	螺旋式，AC 380/400 V，熔管 15 A，熔体 2 A	2
4	交流接触器	CJ20-25	AC 380 V，主触点额定电流 25 A	3
5	热继电器	JR20-25	热元件号 2T，整定电流范围 11.6~14.3~17 A	2
6	常开按钮	LA4-3H	额定电流 5 A	1
7	常闭按钮	LA4-3H	额定电流 5 A	2
8	端子排(主电路)	JX3-25	额定电流 25 A	12
9	端子排(控制电路)	JX3-5	额定电流 5 A	8
10	导线(主电路)	BVR-6	聚氯乙烯绝缘铜芯软线，6 mm²	若干

(5)检查元器件。

(6)固定控制设备并完成接线。

(7)检查测量。

(8)通电试车(表 2-30)。

表 2-30　通电后过程现象记录表

项目	接触器 1 线圈吸合状态接触器触点状态	接触器 2 线圈吸合状态接触器触点状态	接触器 3 线圈吸合状态接触器触点状态	电动机状态
按下按钮：				
按下按钮：				
按下按钮：				
按下按钮：				
按下按钮：				

(9)学习评价(表 2-31)。

表 2-31　学习评价表

项目	总分	评分细则	得分
元件安装	20	1. 元件布置不整齐、不合理，每只扣 2 分； 2. 元件安装不牢固，每只扣 1 分； 3. 损坏元件，每只扣 3 分	
电路连接	40	1. 未画安装图、原理图上未标注电位号，各扣 3 分； 2. 接点松动、线头露铜超过 2 mm、反圈、压绝缘层，每处扣 1 分； 3. 导线交叉，每根扣 1 分； 4. 一个接线点超过 2 根线，每处扣 1 分； 5. 导线未进入线槽，每根扣 1 分； 6. 按钮和电动机外连接线未从端子排过渡，各扣 2 分	
通电	20	1. 出现短路故障，扣 2 分； 2. 1 次通电不成功，扣 10 分，以后每次通电不成功均扣 5 分	

续表

项目	总分	评分细则	得分
安全文明生产、团队合作精神	20	每违反一次，扣 10 分	
合计			

子任务二　定子绕组串电阻降压启动控制电路装调

相关知识

定子电路中串接电阻启动线路如图 2-21 所示。启动时，先合上电源隔离开关 Q_1，将 Q_2 扳向“启动”位置，电动机即串入电阻 R_Q 启动。待转速接近稳定值时，将 Q_2 扳向“运行”位置，R_Q 被切除，使电动机恢复正常工作情况。由于启动时，启动电流在 R_Q 上产生一定电压降，使得加在定子绕组端的电压降低了，因此限制了启动电流。调节电阻 R_Q 的大小可以将启动电流限制在允许的范围内。采用定子串电阻降压启动时，虽然降低了启动电流，但也使启动转矩大大减小。

由人为特性可知，当串接电阻启动时，启动力矩下降很快。其特点是适用空载启动（轻载），电阻耗能大。

一、电路工作原理

定子绕组串电阻降压启动控制线路如图 2-22 所示。

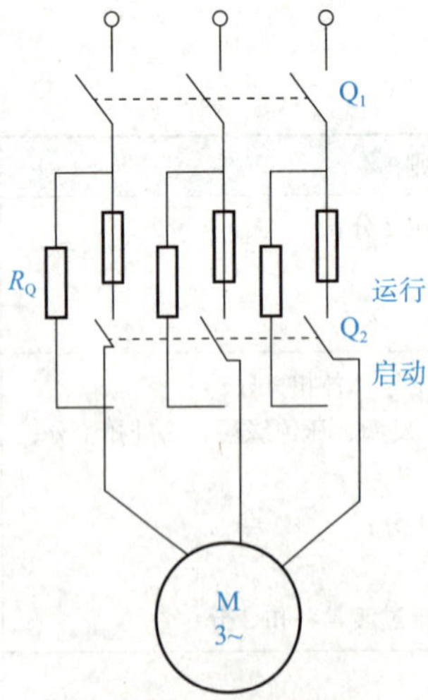

图 2-21　定子串接电阻启动接线原理图

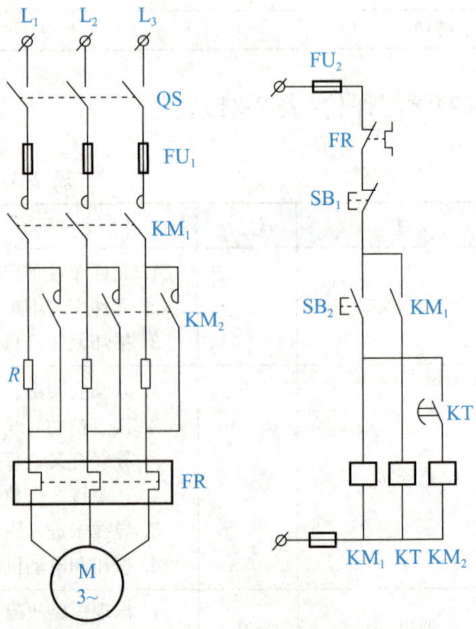

图 2-22　定子绕组串电阻降压启动控制线路

(1)降压启动。按下启动按钮 SB$_2$→KM$_1$、KT 线圈同时通电：

接触器 KM$_1$ 线圈通电→KM$_1$ 所有触点动作：

KM$_1$ 主触点闭合→接入三相交流电源→电动机降压启动(电动机三相定子绕组由于串联了电阻 R，而使其电压降低，从而降低了启动电流)；

KM$_1$ 常开辅助触点闭合→自锁；

时间继电器 KT 线圈通电→开始延时。

(2)全压运行。延时结束(转速上升到接近额定转速时)→KT 常开触点闭合→KM$_2$ 线圈通电→KM$_2$ 主触点闭合(将主电路电阻 R 短接切除)→电动机全压运行。

该电路在启动结束后，KM$_1$、KM$_2$、KT 三个线圈都通电，这不仅消耗电能、减少电器的使用寿命，也是不必要的。如何使得电路启动后通电线圈个数最少，请读者自行设计其主电路和控制电路。

二、电路特点

定子绕组串电阻降压启动的方法虽然设备简单，但电能损耗较大。为了节省电能可采用电抗器代替电阻，但成本较高。

✳ 子任务三　自耦变压器降压启动控制电路装调

▰ 相关知识

在定子回路中串阻抗虽然能满足电网减小启动电流的要求，但是往往因为启动转矩过小而满足不了生产工艺的要求。为了解决这个矛盾人们采用自耦降压启动。三相笼型异步电动机采用自耦变压器降压启动称为自耦降压启动，其接线图如图 2-23 所示。启动时，开关 K 投向"启动"一边，电动机的定子绕组通过自耦变压器接到三相电源上，当转速升高到一定程度后，开关 K 投向"运行"边，自耦变压器被切除，电动机定子直接接到电源上，电动机进入正常运行。

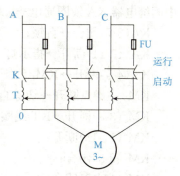

图 2-23　自耦变压器降压启动接线原理图

自耦变压器一般有 65%、85% 等抽头，改变抽头的位置可以获得不同的输出电压。降压启动用的自耦变压器称为启动补偿器。

一、工作原理

XJ01 系列启动补偿器实现降压启动的控制线路如图 2-24 所示。

(1)降压启动。合上电源开关 QS→指示灯 HL$_1$ 亮(显示电源电压正常)；按下启动按钮 SB$_2$→接触器 KM$_1$、时间继电器 KT 线圈同时通电：

KM$_1$ 线圈通电→KM$_1$ 所有触点动作：

KM$_1$ 主触点闭合→电动机定子绕组接自耦变压器二次侧电压降压启动；

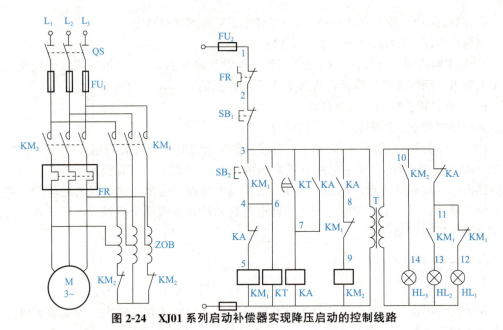

图 2-24　XJ01 系列启动补偿器实现降压启动的控制线路

KM$_1$(8-9)断开→互锁；

KM$_1$(11-12)断开→电源指示灯 HL$_1$ 灭；

KM$_1$(3-6)闭合→自锁；

KM$_1$(11-13)闭合→HL$_2$ 亮(显示电动机正在进行降压启动)；

KT 线圈通电→开始延时→(2)。

(2)全压运行：当电动机转速上升到接近额定转速时，KT 延时结束→KT(3-7)闭合→中间继电器 KA 线圈通电→KA 所有触点动作：

KA(3-7)闭合→自锁；

KA(10-11)断开→指示灯 HL$_2$ 断电熄灭。

KA(4-5)断开→KM$_1$ 线圈断电→KM$_1$ 所有触点复位：

KM$_1$ 主触点断开→切除自耦变压器；

KM$_1$(3-6)断开→KT 线圈断电→KT(3-7)瞬时断开；

KM$_1$(11-13)断开；

KM$_1$(8-9)闭合；

KM$_1$(11-12)闭合。

KA(3-8)闭合→KM$_2$ 线圈通电→KM$_2$ 所有触点动作：

KM$_2$ 主触点闭合→电动机定子绕组直接接电源全电压运行；

KM$_2$ 常闭辅助触点断开→解开自耦变压器的封星点；

KM$_2$(10-14)→指示灯 HL$_3$ 亮(显示降压启动结束，进入正常运行状态)。

值得注意的是：KT(3-7)只是在时间继电器 KT 延时结束时瞬时闭合一下随即断开，在 KT(3-7)断开之前，KA(3-7)已经闭合自锁。

二、电路特点

由电动机原理可知：当利用自耦变压器将启动电压降为额定电压的 $1/K$ 时，启动电流、启动转矩将降为直接启动的 $1/K^2$，因此，自耦变压器降压启动常用于空载或轻载启动。

三、接线步骤及工艺要求

安装步骤及工艺要求与任务二中子任务一相同，不再赘述。

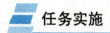 任务实施

一、工具准备

万用表以及螺钉旋具(一字、十字)、剥线钳、尖嘴钳、钢丝钳等常用接线工具。

二、实施步骤

(1)确定控制方案。根据本任务的任务描述和控制要求，确定控制方案。
(2)绘制原理图、标注节点号码，并说明其工作原理和具有的保护功能。
(3)绘制电器元件布置图、安装接线图。

电器元件布置图

安装接线图

(4)选择器件、导线。根据低压断路器、熔断器、接触器、热继电器、复合按钮、端子排、导线的选择原则，结合本任务具体参数(线路额定电压为～380 V、电动机额定电流为15.4 A)，选择本任务所需元器件、导线的型号和数量，参见表2-32。

表 2-32　器材参考表

序号	名称	型号	主要技术数据	数量
1	低压断路器	DZ5-50/300	塑壳式，AC380 V，50 A，3 极，无脱扣器	1
2	熔断器(主电路)	RL1-60/40	螺旋式，AC380/400 V，熔管 60 A，熔体 40 A	3
3	熔断器(控制电路)	RL1-15/2	螺旋式，AC380/400 V，熔管 15 A，熔体 2 A	2
4	交流接触器	CJ20-25	AC380 V，主触点额定电流 25 A	2
5	时间继电器	JST-2A	AC220 V，额定电流 5 A	1
6	热继电器	JR20-25	热元件号 2T，整定电流范围 11.6～14.3～17 A	1
7	常开按钮	LA4-3H	额定电流 5 A	1
8	常闭按钮	LA4-3H	额定电流 5 A	1
9	端子排(主电路)	JX3-25	额定电流 25 A	12
10	端子排(控制电路)	JX3-5	额定电流 5 A	8

(5)检查元器件。

(6)固定控制设备并完成接线。

(7)检查测量。

(8)通电试车(表2-33)。

表 2-33　通电后过程现象记录表

项目	接触器 1 线圈吸合状态 接触器触点状态	接触器 2 线圈吸合状态 接触器触点状态	电动机状态
按下按钮：			
按下按钮：			
按下按钮：			
按下按钮：			
按下按钮：			

(9)学习评价(表2-34)。

表 2-34　学习评价表

项目	总分	评分细则	得分
元件安装	20	1. 元件布置不整齐、不合理，每只扣 2 分； 2. 元件安装不牢固，每只扣 1 分； 3. 损坏元件，每只扣 3 分	

项目	总分	评分细则	得分
电路连接	40	1. 未画安装图、原理图上未标注电位号，各扣 3 分； 2. 接点松动、线头露铜超过 2 mm、反圈、压绝缘层，每处扣 1 分； 3. 导线交叉，每根扣 1 分； 4. 一个接线点超过 2 根线，每处扣 1 分； 5. 导线未进入线槽，每根扣 1 分； 6. 按钮和电动机外连接线未从端子排过渡，各扣 2 分	
通电	20	1. 出现短路故障，扣 2 分 2. 1 次通电不成功，扣 10 分，以后每次通电不成功，均扣 5 分	
安全文明生产、团队合作精神	20	每违反一次，扣 10 分	
合计			

任务八　三相异步电动机调速控制电路装调

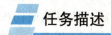
任务描述

生产车间新上一套生产设备，由一台三相笼型异步电动机拖动。该电动机铭牌数据见表 2-35。

表 2-35　YD160M-8/4 型三相笼型异步电动机铭牌数据

型号	YD160M-8/4	额定功率	5/7.5 kW	额定频率	50 Hz
额定电压	380 V	额定电流	13.9/15.2 A	防护等级	IP44
绝缘等级	B	额定转速	970/1 450 r/min	接　法	△/YY
工作制	SI(连续工作制)	出品编号	×××	制造厂	×××

根据生产设备的具体工作情况，要求该电动机应能实现单向直接启动、连续运行，具有短路保护、过载保护、欠(失)压保护功能，能远距离频繁操作，并能手动切换转速。

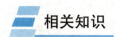
相关知识

一、异步电动机的调速原理

由于

$$s=\frac{n_1-n}{n_1}$$

可以推导出

$$n=(1-s)n_1=(1-s)\frac{60f_1}{p}$$

从上式可见，改变供电频率 f、电动机的极对数 p 及转差率 s 均可达到改变转速的目的。从调速的本质来看，不同的调速方式无非是改变交流电动机的同步转速或不改变同步转速两种。

二、调速方式

(1)改变极对数有级调速。

(2)改变转差率无级调速。

(3)改变电源频率（变频调速)无级调速。

三、调速方法

在生产机械中广泛使用不改变同步转速的调速方法有绕线式电动机的转子串电阻调速、斩波调速、串级调速以及应用电磁转差离合器、液力耦合器、油膜离合器等调速。改变同步转速的调速方法有改变定子极对数的多速电动机，改变定子电压、频率的变频调速等无换向电动机等。

从调速时的能耗观点来看，有高效调速方法与低效调速方法两种。高效调速指使转差率不变，因此无转差损耗，如多速电动机、变频调速以及能将转差损耗回收的调速方法（如串级调速等）。有转差损耗的调速方法属低效调速，如转子串电阻调速方法，能量就损耗在转子回路中；电磁离合器的调速方法，能量损耗在离合器线圈中；液力耦合器调速，能量损耗在液力耦合器的油中。一般来说转差损耗随调速范围扩大而增加，如果调速范围不大，能量损耗是很小的。

1. 变极对数调速方法

这种调速方法是用改变定子绕组的接线方式来改变笼型电动机定子极对数以达到调速目的，其特点如下：

(1)具有较硬的机械特性，稳定性良好。

(2)无转差损耗，效率高。

(3)接线简单、控制方便、价格低。

(4)有级调速，级差较大，不能获得平滑调速。

(5)可以与调压调速、电磁转差离合器配合使用，获得较高效率的平滑调速特性。

本方法适用于不需要无级调速的生产机械，如金属切削机床、升降机、起重设备、风机、水泵等。

2. 变频调速方法

变频调速是改变电动机定子电源的频率，从而改变其同步转速的调速方法。变频调速系统的主要设备是提供变频电源的变频器，变频器可分成交流—直流—交流变频器和交流—交流变频器两大类，目前国内大多使用交流—直流—交流变频器。其特点如下：

(1)效率高，调速过程中没有附加损耗。

(2)应用范围广，可用于笼型异步电动机。

(3)调速范围大，特性硬，精度高。

(4)技术复杂，造价高，维护检修困难。

本方法适用于要求精度高、调速性能较好的场合。

3. 串级调速方法

串级调速是指在绕线式电动机转子回路中串入可调节的附加电势来改变电动机的转差，以达到调速的目的。大部分转差功率被串入的附加电势所吸收，再利用产生附加的装置，把吸收的转差功率返回电网或转换能量加以利用。根据转差功率吸收利用方式，串级调速可分为电动机串级调速、机械串级调速及晶闸管串级调速形式，多采用晶闸管串级调速，其特点如下：

（1）可将调速过程中的转差损耗回馈到电网或生产机械上，效率较高。

（2）装置容量与调速范围成正比，投资省，适用于调速范围在额定转速70%～90%的生产机械。

（3）调速装置故障时可以切换至全速运行，避免停产。

（4）晶闸管串级调速功率因数偏低，谐波影响较大。

本方法适合风机、水泵及轧钢机、矿井提升机、挤压机上使用。

4. 串电阻调速方法

绕线式异步电动机转子串入附加电阻，使电动机的转差率加大，电动机在较低的转速下运行。串入的电阻越大，电动机的转速越低。此方法设备简单，控制方便，但转差功率以发热的形式消耗在电阻上，属有级调速，机械特性较软。

5. 定子调压调速方法

当改变电动机的定子电压时，可以得到一组不同的机械特性曲线，从而获得不同转速。由于电动机的转矩与电压平方成正比，因此最大转矩下降很多，其调速范围较小，使一般笼型电动机难以应用。为了扩大调速范围，调压调速应采用转子电阻值大的笼型电动机，如专供调压调速用的力矩电动机，或者在绕线式电动机上串联频敏电阻。为了扩大稳定运行范围，当调速在2：1以上的场合应采用反馈控制以达到自动调节转速的目的。

调压调速的主要装置是一个能提供电压变化的电源，目前常用的调压方式有串联饱和电抗器、自耦变压器以及晶闸管调压等几种。晶闸管调压方式为最佳。调压调速的特点如下：

（1）调压调速线路简单，易实现自动控制。

（2）调压过程中转差功率以发热形式消耗在转子电阻，效率较低。

（3）调压调速一般适用100 kW以下的生产机械。

6. 电磁调速电动机调速方法

电磁调速电动机由笼型电动机、电磁转差离合器和直流励磁电源（控制器）3部分组成。直流励磁电源功率较小，通常由单相半波或全波晶闸管整流器组成，改变晶闸管的导通角，可以改变励磁电流的大小。

电磁转差离合器由电枢、磁极和励磁绕组3部分组成。电枢和后者没有机械联系，都能自由转动。电枢与电动机转子同轴连接称为主动部分，由电动机带动；磁极用联轴节与负载轴连接称为从动部分。当电枢与磁极均为静止时，如励磁绕组通以直流，则沿气隙圆周表面将形成若干对N、S极性交替的磁极，其磁通经过电枢。当电枢随拖动电动机旋转时，由于电枢与磁极间相对运动，因而使电枢感应产生涡流，此涡流与磁通相互作用产生转矩，带动有磁极的转子按同一方向旋转，但其转速恒低于电枢的转速n_1，这是一种转差调速方式，变动转差离合器的直流励磁电流，便可改变离合器的输出转矩和转速。

电磁调速电动机的调速特点如下：

(1)装置结构及控制线路简单、运行可靠、维修方便。

(2)调速平滑，可无级调速。

(3)对电网无谐波影响。

(4)速度失大、效率低。

本方法适用于中、小功率，要求平滑动、短时低速运行的生产机械。

❄ 子任务一　双速电动机手动控制电路装调

一、双速电动机手动控制

按钮切换的双速电动机手动控制线路如图 2-25 所示。

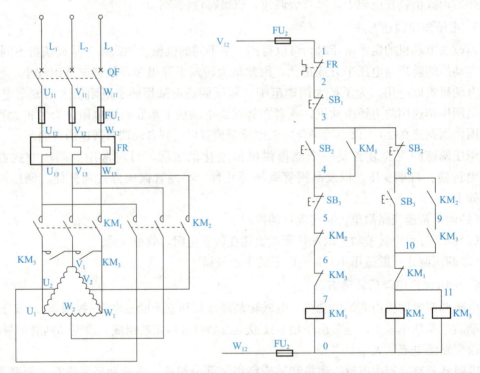

图 2-25　按钮切换的双速电动机手动控制线路的原理

(1)低速运转。按下低速启动按钮 $SB_2 \rightarrow SB_2$ 的所有触点动作：

SB_2 常闭触点先断开→互锁。

SB_2 常开触点后闭合→按触器 KM_1 线圈通电→KM_1 所有触点动作：

KM_1 主触点闭合→电动机定子绕组接成三角形低速启动运转；

KM_1(10-11)断开→互锁；

KM_1(3-4)闭合→自锁。

(2)高速运转。按下高速运转按钮 SB_3→SB_3 的所有触点动作：

SB_3 常闭触点先断开→KM_1 线圈断电→KM_1 所有触点复位：

KM_1 主触点断开；

KM_1(3-4)断开→解除自锁；

KM_1(10-11)闭合→为 KM_2、KM_3 线圈通电做准备。

SB_3 常开触点后闭合→KM_2、KM_3 线圈同时通电→KM_2、KM_3 所有触点动作：

KM_2、KM_3 主触点闭合→电动机定子绕组接成双星形高速运转；

KM_2(5-6)、KM_3(6-7)断开→互锁；

KM_2(8-9)、KM_3(9-10)闭合→自锁。

二、接线步骤及工艺要求

安装步骤及工艺要求与任务二中子任务一相同，不再赘述。

三相异步电动机
调速控制电路
组装与调试

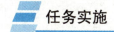 任务实施

一、工具准备

万用表以及螺钉旋具(一字、十字)、剥线钳、尖嘴钳、钢丝钳等常用接线工具。

二、实施步骤

(1)确定控制方案。根据本任务的任务描述和控制要求，确定控制方案。

(2)绘制原理图、标注节点号码，并说明工作原理和具有的保护功能。

(3)绘制电器元件布置图、安装接线图。

电器元件布置图

安装接线图

(4)选择器件、导线。根据低压断路器、熔断器、接触器、热继电器、复合按钮、端子排、导线的选择原则，结合本任务具体参数(线路额定电压为～380 V、电动机额定电流为15.4 A)，选择本任务所需元器件、导线的型号和数量，参见表2-36。

表2-36 器材参考表

序号	名称	型号	主要技术数据	数量
1	低压断路器	DZ5-50/300	塑壳式，AC 380 V，50 A，3极，无脱扣器	1
2	熔断器(主电路)	RL1-60/40	螺旋式，AC 380/400 V，熔管 60 A，熔体 40 A	3
3	熔断器(控制电路)	RL1-15/2	螺旋式，AC 380/400 V，熔管 15 A，熔体 2 A	2
4	交流接触器	CJ20-25	AC 380 V，主触点额定电流25 A	3
5	热继电器	JR20-25	热元件号 2T，整定电流范围 11.6～14.3～17 A	1
6	常开按钮	LA4-3H	具有 3 对常开、3 对常闭触点，额定电流 5 A	1
7	常闭按钮	LA4-3H	额定电流 5 A	2
8	端子排(主电路)	JX3-25	额定电流 25 A	12
9	端子排(控制电路)	JX3-5	额定电流 5 A	8
10	导线(主电路)	BVR-6	聚氯乙烯绝缘铜芯软线，6 mm²	若干
11	导线(控制电路)	BVR-1.5	聚氯乙烯绝缘铜芯软线，1.5 mm²	若干

(5)检查元器件。

(6)固定控制设备并完成接线。

(7)检查测量。

（8）通电试车（表2-37）。

表 2-37　通电后过程现象记录表

项目	接触器1线圈吸合状态 接触器触点状态	接触器2线圈吸合状态 接触器触点状态	接触器3线圈吸合状态 接触器触点状态	电动机状态
按下按钮：				
按下按钮：				
按下按钮：				
按下按钮：				
按下按钮：				

（9）学习评价（表2-38）。

表 2-38　学习评价表

项目	总分	评分细则	得分
元件安装	20	1. 元件布置不整齐、不合理，每只扣2分； 2. 元件安装不牢固，每只扣1分； 3. 损坏元件，每只扣3分	
电路连接	40	1. 未画安装图、原理图上未标注电位号，各扣3分； 2. 接点松动、线头露铜超过2 mm、反圈、压绝缘层，每处扣1分； 3. 导线交叉，每根扣1分； 4. 一个接线点超过2根线，每处扣1分； 5. 导线未进入线槽，每根扣1分； 6. 按钮和电动机外连接线未从端子排过渡，各扣2分	
通电	20	1. 出现短路故障，扣2分； 2. 1次通电不成功，扣10分，以后每次通电不成功均扣5分	
安全文明生产、团队合作精神	20	每违反一次，扣10分	
合计			

✳ 子任务二　双速电动机自动控制电路装调

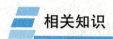　**相关知识**

双速电动机自动控制线路如图2-26所示。

（1）低速运转。按下 SB_2 →时间继电器 KT 线圈通电→KT(5-6)瞬时闭合→接触器 KM_1 线圈通电→ KM_1 所有触点动作：

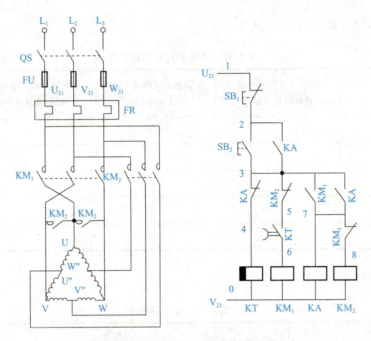

图 2-26　双速电动机自动控制线路

KM_1 主触点闭合→电动机定子绕组接成三角形低速启动运转；

KM_1(7-8)断开→互锁。

KM_1(3-7)闭合→中间继电器 KA 线圈通电→KA 所有触点动作：

KA(2-3)闭合→自锁；

KA(3-7)闭合（自锁）→为 KM_2 线圈通电做准备；

KA(3-4)断开→KT 线圈断电→开始延时→(2)。

(2)高速运转。延时结束→KT(5-6)断开→KM_1 线圈断电→KM_1 所有触点复位：

KM_1 主触点断开；

KM_1(3-7)断开。

KM_1(7-8)闭合→接触器 KM_2 线圈通电→KM_2 所有触点动作：

KM_2 主触点闭合→电动机定子绕组接成双星形高速运转；

KM_2(3-5)断开→互锁。

安装步骤及工艺要求与任务二中子任务一相同，不再赘述。

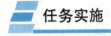 **任务实施**

三相异步电动机
调速控制实验

一、工具准备

万用表以及螺钉旋具（一字、十字）、剥线钳、尖嘴钳、钢丝钳等常用接线工具。

二、实施步骤

(1)确定控制方案。根据本任务的任务描述和控制要求，确定控制方案。

(2)绘制原理图、标注节点号码，并说明其工作原理和具有的保护功能。

(3)绘制电器元件布置图、安装接线图。

电器元件布置图

安装接线图

(4)选择器件、导线。根据低压断路器、熔断器、接触器、热继电器、复合按钮、端子排、导线的选择原则，结合本任务具体参数(线路额定电压为～380 V、电动机额定电流为

15.4 A），选择本任务所需元器件、导线的型号和数量，参见表2-39。

表2-39 器材参考表

序号	名称	型号	主要技术数据	数量
1	低压断路器	DZ5-50/300	塑壳式，AC 380 V，50 A，3极，无脱扣器	1
2	熔断器（主电路）	RL1-60/40	螺旋式，AC 380/400 V，熔管60 A，熔体40 A	3
3	熔断器（控制电路）	RL1-15/2	螺旋式，AC 380/400 V，熔管15 A，熔体2 A	2
4	交流接触器	CJ20-25	AC 380V，主触点额定电流25 A	2
5	时间继电器	JST-2A	AC 220 V，额定电流5 A	1
6	中间继电器	JX7-44	AC 220 V，触点额定电流5 A	1
7	热继电器	JR20-25	热元件号2T，整定电流范围11.6～14.3～17 A	2
8	常开按钮	LA4-3H	额定电流5 A	1
9	常闭按钮	LA4-3H	额定电流5 A	2
10	端子排（主电路）	JX3-25	额定电流25 A	12
11	端子排（控制电路）	JX3-5	额定电流5 A	8

（5）检查元器件。

（6）固定控制设备并完成接线。

（7）检查测量。

（8）通电试车（表2-40）。

表2-40 通电后过程现象记录表

项目	接触器1线圈吸合状态 接触器触点状态	接触器2线圈吸合状态 接触器触点状态	电动机状态
按下按钮：			
按下按钮：			
按下按钮：			
按下按钮：			
按下按钮：			

（9）学习评价（表2-41）。

表2-41 学习评价表

项目	总分	评分细则	得分
元件安装	20	1. 元件布置不整齐、不合理，每只扣2分； 2. 元件安装不牢固，每只扣1分； 3. 损坏元件，每只扣3分	
电路连接	40	1. 未画安装图、原理图上未标注电位号，各扣3分； 2. 接点松动、线头露铜超过2 mm、反圈、压绝缘层，每处扣1分； 3. 导线交叉，每根扣1分； 4. 一个接线点超过2根线，每处扣1分； 5. 导线未进入线槽，每根扣1分； 6. 按钮和电动机外连接线未从端子排过渡，各扣2分	

项目	总分	评分细则	得分
通电	20	1. 出现短路故障，扣2分； 2.1次通电不成功，扣10分，以后每次通电不成功均扣5分	
安全文明生产、团队合作精神	20	每违反一次，扣10分	
合计			

任务九　三相异步电动机制动控制电路装调

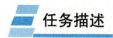

生产车间新上一套生产设备，由一台三相笼型异步电动机拖动。该电动机铭牌数据见表2-35。

根据生产设备的具体工作情况，要求该电动机应能实现单向直接启动、连续运行，具有短路保护、过载保护、欠（失）压保护功能，能远距离频繁操作、能平稳制动，同时其控制方式应力求结构简单、价格低。

试完成该电动机控制线路的正确装接。

相关知识

三相异步电动机定子绕组脱离电源后，由于惯性作用，转子需经过一段时间才能停止转动。而某些生产工艺要求电动机能迅速而准确地停车，这就要求对电动机进行制动。制动的方式有机械制动和电气制动两种。

机械制动，是在电动机断电后利用机械装置使电动机迅速停转，其中电磁抱闸制动就是常用的方法。电磁抱闸由制动电磁铁和闸瓦制动器组成，分为断电制动型和通电制动型。进行机械制动时，将制动电磁铁线圈的电源切断或接通，通过机械抱闸制动电动机。

电气制动，是产生一个与原来转动方向相反的电磁力矩，使电动机转速迅速下降，常用的电气制动方法有反接制动和能耗制动。

✷ 子任务一　反接制动控制电路装调

当异步电动机的旋转磁场方向与转动方向相反时，电动机进入反接制动状态。这时根据电动机的功率平衡关系可知，电动机仍从电源吸取电功率，同时电动机又从转轴获得机

械功率。这些功率全部以转子铜耗形式被消耗于转子绕组，能量损耗大，如果不采取措施将可能导致电动机温升过高造成损害。反接制动包括倒拉反转制动和电源反接制动。下面主要介绍电源反接制动。

电源反接制动是将三相电源的任意两相对调构成反相序电源，则旋转磁场也反向，电动机进入电源反接制动状态，制动过程与机械特性如图 2-27 所示。电源反接后，电动机因惯性作用由反向机械特性上的 A 点同转速切换至 B 点。在反向电磁转矩作用下，电动机沿反向机械特性迅速减速。如果制动的目的是使拖动反抗性负载（负载转矩方向始终与电动机转向相反）的电动机制动，则需要在电动机状态接近 C 点时及时切断电源，否则电动机会很快进入反向电动状态并在 D 点平衡。如果电动机拖动的是位能性负载，电动机将迅速越过反向电动特性直至 E 点才能重新平衡，这时电动机的转速超过其反向同步转速，电动机进入反向回馈制动状态。电源反接制动时，冲击电流相当大，为了提高制动转矩并降低制动电流，对绕线式电动机常采取转子外接（分段）电阻的电源反接制动，制动过程为 $A \rightarrow B' \rightarrow C'$。

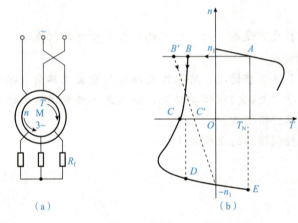

图 2-27　电源反接制动
(a)制动示意图；(b)机械特性

反接制动时，转子与旋转磁场的相对速度接近同步转速的两倍，定子绕组电流很大，为了防止绕组过热、减小制动冲击，一般功率在 10 kW 以上的电动机，定子回路中应串入反接制动电阻以限制制动电流。

一、工作原理

(1)单向运转的反接制动控制线路，如图 2-28 所示。

①启动。按下启动按钮 SB_2→接触器 KM_1 线圈通电→KM_1 所有触点动作：

KM_1 主触点闭合→电动机 M 全压启动运行→当转速上升到某一值（通常为大于 120 r/min）以后→速度继电器 KS 的常开触点闭合（为制动接触器 KM_2 的通电做准备）；

KM_1 常闭辅助触点断开→互锁；

KM_1 常开辅助触点闭合→自锁。

②制动。按下停止按钮 SB_1→SB_1 的所有触点动作：

SB_1 常闭触点先断开→KM_1 线圈断电→KM_1 所有触点复位：

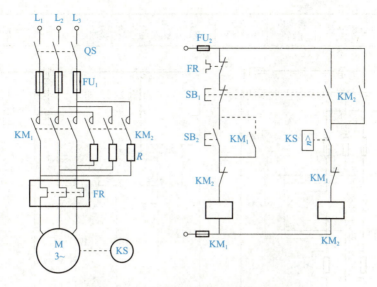

图 2-28　单向运转的反接制动控制线路

KM₁ 主触点断开→M 断电；

KM₁ 常开辅助触点断开→解除自锁；

KM₁ 常闭辅助触点闭合→为 KM₂ 线圈通电做准备。

SB₁ 常开触点后闭合→KM₂ 线圈通电→KM₂ 所有触点动作：

KM₂ 常开辅助触点闭合→自锁；

KM₂ 常闭辅助触点断开→互锁。

KM₂ 的主触点闭合→改变了电动机定子绕组中电源的相序、电动机在定子绕组串入电阻 R 的情况下反接制动→转速下降到某一值（通常为小于 100 r/min）时→KS 触点复位→KM₂ 线圈断电→KM₂ 所有触点复位：

KM₂ 常开辅助触点断开；

KM₂ 常闭辅助触点闭合；

KM₂ 主触点断开（制动过程结束，防止反向启动）。

（2）可逆运行的反接制动控制线路。图 2-29 所示为笼型异步电动机可逆运行的反接制动控制线路。

图中 KM₁、KM₂ 为正、反转接触器，KM₃ 为短接电阻接触器，KA₁～KA₄ 为中间继电器，KS 为速度继电器，R 为启动与制动电阻。电路工作原理如下：

①正向启动。按下正转启动按钮 SB₂→KA₃ 线圈通电→KA₃ 所有触点动作：

KA₃（9-10）断开→互锁；

KA₃（4-5）闭合→自锁；

KA₃（18-19）闭合→为 KM₃ 线圈通电做准备。

KA₃（4-7）闭合→接触器 KM₁ 线圈通电→KM₁ 所有触点动作：

KM₁ 主触点闭合→电动机定子绕组串电阻 R 降压启动→当转子速度大于一定值时→KS-1 闭合→KA₁ 线圈通电→KA₁ 所有触点动作：

KA₁（3-11）闭合→为 KM₂ 线圈通电做准备；

KA₁（13-14）闭合→自锁；

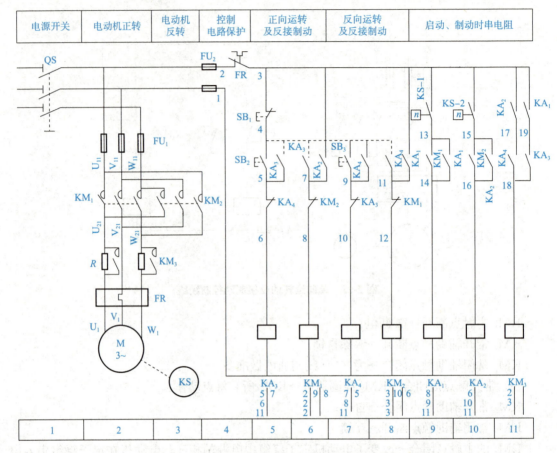

电源开关	电动机正转	电动机反转	控制电路保护	正向运转及反接制动	反向运转及反接制动	启动、制动时串电阻

图 2-29 笼型异步电动机可逆运行的反接制动控制线路

KA_1(3-19)闭合→KM_3 线圈通电→KM_3 主触点闭合(电阻 R 被短接)→电动机全压运转；

KM_1(11-12)断开→互锁；

KM_1(13-14)闭合→为 KA_1 线圈通电做准备。

②制动：按下停止按钮 SB_1→KA_3、KM_1 线圈同时断电：

KA_3 线圈断电→KA_3 所有触点复位：

KA_3(9-10)闭合→为 KA_4 线圈通电做准备；

KA_3(4-5)断开→解除自锁；

KA_3(18-19)断开→KM_3 线圈断电→KM_3 主触点断开；

KA_3(4-7)断开。

KM_1 线圈断电→KM_3 所有触点复位：

KM_1 主触点断开→电动机 M 断电；

KM_1(13-14)断开。

KM_1(11-12)闭合→KM_2 线圈通电→KM_2 所有触点动作：

KM_2(15-16)闭合→为 KA_2 线圈通电做准备；

KM_2(7-8)断开→互锁。

KM_2 主触点闭合→电动机定子绕组串电阻 R 反接制动→当转子速度低于一定值时→

KS-1 断开→KA_1 线圈断电→KA_1 所有触点复位：

KA_1(13-14)断开→解除自锁；

KA_1(3-19)断开。

KA_1(3-11)断开→KM_2 线圈断电→KM_2 所有触点复位：

KM_2 主触点断开→反接制动结束；

KM_2(15-16)断开；

KM_2(7-8)闭合。

③反向启动、制动：电动机反向启动和制动过程与此相似，读者可自行分析。

二、电路特点

反接制动的优点是制动能力强、制动时间短；缺点是能量损耗大、制动时冲击力大、制动准确度差。因此，反接制动适用于生产机械的迅速停机与迅速反向运转。

三、接线步骤及工艺要求

安装步骤及工艺要求与任务二中子任务一相同，不再赘述。

单向运转的
反转制动控制

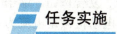 任务实施

一、工具准备

万用表以及螺钉旋具(一字、十字)、剥线钳、尖嘴钳、钢丝钳等常用接线工具。

二、实施步骤

(1)确定控制方案。根据本任务的任务描述和控制要求，确定控制方案。

(2)绘制原理图、标注节点号码，并说明其工作原理和具有的保护功能。

(3)绘制电器元件布置图、安装接线图。

电器元件布置图

安装接线图

　　(4)选择器件、导线。根据低压断路器、熔断器、接触器、热继电器、复合按钮、端子排、导线的选择原则，结合本任务具体参数(线路额定电压为～380 V、电动机额定电流为15.4 A)，选择本任务所需元器件、导线的型号和数量，参见表2-42。

表2-42　器材参考表

序号	名称	型号	主要技术数据	数量
1	低压断路器	DZ5-50/300	塑壳式，AC 380 V，50 A，3极，无脱扣器	1
2	熔断器(主电路)	RL1-60/40	螺旋式，AC 380/400 V，熔管60 A，熔体40 A	3
3	熔断器(控制电路)	RL1-15/2	螺旋式，AC 380/400 V，熔管15 A，熔体2 A	2
4	交流接触器	CJ20-25	AC 380 V，主触点额定电流25 A	2
5	热继电器	JR20-25	热元件号2T，整定电流范围11.6～14.3～17 A	1
6	常开按钮	LA4-3H	额定电流5 A	1
7	常闭按钮	LA4-3H	额定电流5 A	1
8	端子排(主电路)	JX3-25	额定电流25 A	12
9	端子排(控制电路)	JX3-5	额定电流5 A	8

　　(5)检查元器件。

　　(6)固定控制设备并完成接线。

　　(7)检查测量。

　　(8)通电试车(表2-43)。

表 2-43　通电后过程现象记录表

项目	接触器 1 线圈吸合状态 接触器触点状态	接触器 2 线圈吸合状态 接触器触点状态	电动机状态
按下按钮：			
按下按钮：			
按下按钮：			
按下按钮：			
按下按钮：			

(9)学习评价(表 2-44)。

表 2-44　学习评价表

项目	总分	评分细则	得分
元件安装	20	1. 元件布置不整齐、不合理，每只扣 2 分； 2. 元件安装不牢固，每只扣 1 分； 3. 损坏元件，每只扣 3 分	
电路连接	40	1. 未画安装图、原理图上未标注电位号，各扣 3 分； 2. 接点松动、线头露铜超过 2 mm、反圈、压绝缘层，每处扣 1 分； 3. 导线交叉，每根扣 1 分； 4. 一个接线点超过 2 根线，每处扣 1 分； 5. 导线未进入线槽，每根扣 1 分； 6. 按钮和电动机外连接线未从端子排过渡，各扣 2 分	
通电	20	1. 出现短路故障，扣 2 分； 2. 1 次通电不成功，扣 10 分，以后每次通电不成功均扣 5 分	
安全文明生产、团队合作精神	20	每违反一次，扣 10 分	
合计			

✳ 子任务二　能耗制动控制电路装调

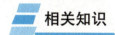

相关知识

一、工作原理

　　能耗制动就是在切断三相电源的同时，接到直流电源上(图 2-30)，使直流电流通入定子绕组。理论物理告诉我们，直流电流的磁场是固定不动的，而转子由于惯性继续在原方向转动，根据右手定则和左手定则不难确定这里的转子电流与固定磁场相互作用产生的转矩的方向。事实上，此时转矩的方向恰好与电动机转动的方向相反，因而起到制动的作用。理论和实验证明，制动转矩的大小与直流电流的大小有关。直流电流的大小一般为电动机额定电流的 50%～100%。这种制动能量消耗小，制动平稳，但需要直流电源。

在有些机床中采用这种制动方法,由于受制动电动机电流的影响,直流电流的大小受到限制,特别是在工作环境相对恶劣、三相电动机功率又相对较大的情况下,实施能耗制动有一定困难。要使用能耗制动关键是要选配好直流电源且注意直流电源开关的使用技术,切忌误操作,切忌接线错误。

能耗制动的控制既可以由时间继电器(按时间原则)进行控制,也可以由速度继电器(按速度原则)进行控制。

1. 单向能耗制动控制线路

图 2-31 所示为按时间原则控制的单向能耗制动控制线路,图中 KM_1 为单向旋转接触器,KM_2 为能耗制动接触器,VC 为桥式整流电路。

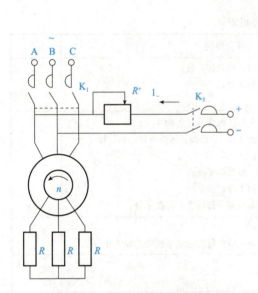

图 2-30　能耗制动接线原理

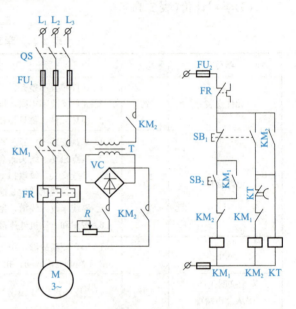

图 2-31　按时间原则控制的单向能耗制动控制线路

(1)启动。按下启动按钮 SB_2→KM_1 线圈通电→KM_1 所有触点动作:

KM_1 主触点闭合→电动机单向启动;

KM_1 常开辅助触点闭合→自锁;

KM_1 常闭辅助触点断开→互锁。

(2)制动:按下停止按钮 SB_1→SB_1 的所有触点动作:

SB_1 常闭触点先断开→KM_1 线圈断电→KM_1 所有触点复位:

KM_1 主触点断开→电动机定子绕组脱离三相交流电源;

KM_1 常开辅助触点断开→解除自锁;

KM_1 常闭辅助触点闭合→为 KM_2 线圈通电做准备。

SB_1 常开触点后闭合→KM_2、KT 线圈同时通电:

KM_2 线圈通电→KM_2 所有触点动作:

KM_2 主触点闭合→将两相定子绕组接入直流电源进行能耗制动;

KM_2 常开辅助触点闭合→自锁;

KM_2 常闭辅助触点断开→互锁。

KT 线圈通电→开始延时→当转速接近零时 KT 延时结束→KT 常闭触点断开→KM_2 线

圈断电→KM_2 所有触点复位：

KM_2 主触点断开→制动过程结束；

KM_2 常开辅助触点断开→KT 线圈断电→KT 常闭触点瞬时闭合；

KM_2 常闭辅助触点闭合。

这种制动电路制动效果较好，但所需设备多，成本高。当电动机功率在 10 kW 以下且制动要求不高时，可采用无变压器的单管能耗制动控制电路。

图 2-32 所示为单管能耗制动控制电路，该电路采用无变压器的单管半波整流作为直流电源，采用时间继电器对制动时间进行控制，其工作原理请读者自行分析。

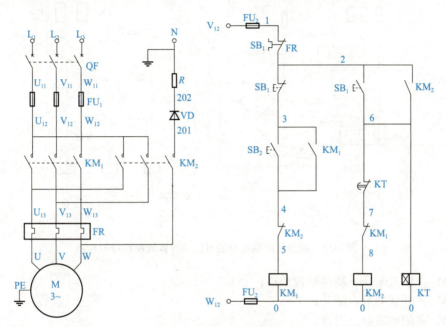

图 2-32　单管能耗制动控制电路

2. 可逆运行的能耗制动控制线路

图 2-33 所示为按速度原则控制的可逆运行能耗制动控制线路。图中 KM_1、KM_2 为正、反转接触器，KM_3 为制动接触器。

(1)正向启动。按下正向启动按钮 SB_2→KM_1 线圈通电→KM_1 所有触点动作：

KM_1 主触点闭合→电动机正向启动→当转子速度大于一定值时→速度继电器 KS-1 闭合（为制动接触器 KM_3 线圈通电做准备）；

KM_1 常开辅助触点闭合→自锁；

KM_1 常闭辅助触点（2个）断开→互锁。

(2)制动。按下停止按钮 SB_1→SB_1 的所有触点动作：

SB_1 常闭触点先断开→KM_1 线圈断电→KM_1 所有触点复位：

KM_1 主触点断开→电动机定子绕组脱离三相交流电源；

KM_1 常开辅助触点断开→解除自锁；

KM_1 常闭辅助触点（2个）闭合→分别为 KM_2、KM_3 线圈通电做准备。

SB_1 常开触点后闭合→KM_3 线圈通电→KM_3 所有触点动作：

KM_3 常开辅助触点闭合→自锁；

KM₃ 常闭辅助触点断开→互锁。

KM_3 常闭辅助触点断开→互锁。

KM_3 主触点闭合→电动机定子绕组接入直流电源进行能耗制动→当转子速度低于一定值时→KS-1 断开→KM_3 线圈断电→KM_3 所有触点复位：

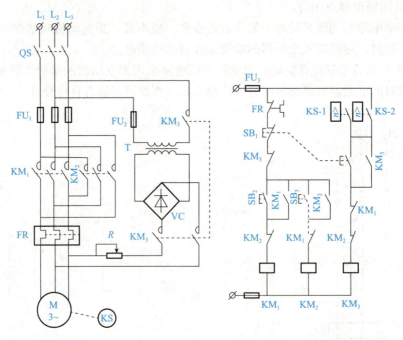

图 2-33　按速度原则控制的可逆运行能耗制动控制线路

KM_3 主触点断开→制动过程结束；

KM_3 常开辅助触点断开；

KM_3 常闭辅助触点闭合。

（3）反向启动、制动：电动机反向启动和制动过程与此相似，读者可自行分析。

二、电路特点

能耗制动的特点是制动电流较小、能量损耗小、制动准确，但它需要直流电源、制动速度较慢，通常适用于电动机容量较大，启动、制动频繁，要求平稳制动的场合。

三、接线步骤及工艺要求

安装步骤及工艺要求与任务二中子任务一相同，不再赘述。

 任务实施

三相异步电能耗
制动控制组装

一、工具准备

万用表以及螺钉旋具（一字、十字）、剥线钳、尖嘴钳、钢丝钳等常用接线工具。

二、实施步骤

(1)确定控制方案。根据本任务的任务描述和控制要求，确定控制方案。

(2)绘制原理图、标注节点号码，并说明其工作原理和具有的保护功能。

(3)绘制电器元件布置图、安装接线图。

电器元件布置图

安装接线图

(4)选择器件、导线。根据低压断路器、熔断器、接触器、热继电器、复合按钮、端子排、导线的选择原则，结合本任务具体参数(线路额定电压为～380 V、电动机额定电流为

15.4 A)，选择本任务所需元器件、导线的型号和数量，参见表 2-45。

表 2-45　器材参考表

序号	名称	型号	主要技术数据	数量
1	低压断路器	DZ5-50/300	塑壳式，AC 380 V，50 A，3 极，无脱扣器	1
2	熔断器（主电路）	RL1-60/40	螺旋式，AC 380/400 V，熔管 60 A，熔体 40 A	3
3	熔断器（控制电路）	RL1-15/2	螺旋式，AC 380/400 V，熔管 15 A，熔体 2 A	2
4	交流接触器	CJ20-25	AC 380 V，主触点额定电流 25 A	2
5	时间继电器	JST-2A	AC 220 V，额定电流 5 A	1
6	热继电器	JR20-25	热元件号 2T，整定电流范围 11.6～14.3～17 A	2
7	常开按钮	LA4-3H	额定电流 5 A	1
8	常闭按钮	LA4-3H	额定电流 5 A	1
9	端子排（主电路）	JX3-25	额定电流 25 A	12
10	端子排（控制电路）	JX3-5	额定电流 5 A	8

（5）检查元器件。

（6）固定控制设备并完成接线。

（7）检查测量。

（8）通电试车（表 2-46）。

表 2-46　通电后过程现象记录表

项目	接触器 1 线圈吸合状态，接触器触点状态	接触器 2 线圈吸合状态，接触器触点状态	电动机状态
按下按钮：			
按下按钮：			
按下按钮：			
按下按钮：			
按下按钮：			

（9）学习评价（表 2-47）。

表 2-47　学习评价表

项目	总分	评分细则	得分
元件安装	20	1. 元件布置不整齐、不合理，每只扣 2 分； 2. 元件安装不牢固，每只扣 1 分； 3. 损坏元件，每只扣 3 分	
电路连接	40	1. 未画安装图、原理图上未标注电位号，各扣 3 分； 2. 接点松动、线头露铜超过 2 mm、反圈、压绝缘层，每处扣 1 分； 3. 导线交叉，每根扣 1 分； 4. 一个接线点超过 2 根线，每处扣 1 分； 5. 导线未进入线槽，每根扣 1 分； 6. 按钮和电动机外连接线未从端子排过渡，各扣 2 分	

项目	总分	评分细则	得分
通电	20	1. 出现短路故障，扣 2 分； 2. 1 次通电不成功，扣 10 分，以后每次通电不成功均扣 5 分	
安全文明生产、团队合作精神	20	每违反一次，扣 10 分	
合计			

问 题 思 考

1. 在长动控制线路中，按下启动按钮，电动机通电旋转，松开启动按钮，电动机断电，试分析出现这一故障的可能原因。

2. 在长动控制线路中，接通控制电路电源接触器 KM 就频繁通断，试分析出现这一故障的可能原因。

3. 点动控制电路中为何不安装热继电器？

4. 设计一个控制电路，要求：

(1) M_1 启动 5 s 后 M_2 自行启动，M_2 启动 5 s 后 M_3 自行启动，M_3 启动 5 s 后 M_1、M_2、M_3 同时停止；

(2) 具有短路、过载、欠(失)压保护功能。

5. 在工作台自动往复循环控制电路中，若工作台无法自动返回，能否手动返回？

6. 设计一个单台三相异步电动机控制电路，同时满足以下要求：

(1) 能实现点动与长动混合控制；

(2) 能两地控制这台电动机；

(3) 能实现正、反转；

(4) 具有短路、过载、欠(失)压保护功能。

7. 设计一个定子绕组串电阻降压启动控制线路，要求启动结束后，只有一个接触器线圈通电以节约电能、提高电器的使用寿命。

8. 双速电动机在高低速变换时为什么要改变定子绕组的相序？

 知识拓展

赤子爱国心

钟兆琳(1901—1990)，1901 年 8 月 23 日生于浙江省德清县新市镇。钟兆琳的父亲钟养圣(1878—1940)曾追随孙中山先生参加过辛亥革命，也和邵力子先生一起到过祖国大西北，是一个见多识广，且有现代资产阶级民主意识的读书人。钟兆琳的母亲俞氏(1876—1920)，是一位家庭妇女，在钟兆琳不满 20 岁时便去世了。新市镇早在明末便有工业手工业作坊，清末之际从事工商业的人更不鲜见。这种环境对他以后的成长和事业，应该说有很大影响。

1908 年，钟兆琳开始在新市镇仙潭小学读书。这个时期，正是辛亥革命酝酿、爆发的时期，由于家庭和社会的影响，钟兆琳在小学时，便对科学产生了浓厚的兴趣。小学时期的钟兆琳，国语、算术都是学校的头等。1914 年，13 岁的钟兆琳便入上海南洋公学附属中学读书。那时南洋公学附属中学和南洋公学一样，以学习洋人为美事，照搬了洋人的教育方法，所以钟兆琳在 4 年的中学阶段，受到近乎现代的教育，这为他以后的事业奠定了基础。

1918 年，钟兆琳由附属中学升入南洋公学电机科，中间因病休学一年。1923 年，钟兆琳大学毕业，取得学士学位。大学毕业后，钟兆琳到上海沪江大学当了一年教师，教数学和物理，1924 年到美国康奈尔大学电机工程系留学。

康奈尔大学电机系当时由著名教授卡拉比托夫主持。卡拉比托夫在众多的学生中间，发现了这个来自太平洋彼岸的黄皮肤青年的与众不同，钟兆琳有非凡的数学才能，数学考试绝大多数是第一名。有一位比钟兆琳年级还高的美国学生，考试常不及格，请他去当他的小老师。钟兆琳的学位论文，也深为卡拉比托夫欣赏。所以，卡拉比托夫经常以钟兆琳的成绩和才能勉励其他学生。1926 年春，钟兆琳获得康奈尔大学的硕士学位，经卡拉比托夫介绍推荐，钟兆琳到美国西屋电气制造公司当了工程师。

1927 年，交通大学电机科科长张廷玺（号贡九）向钟兆琳发出邀请，热切希望他回国到交通大学电机科任教，此时钟兆琳在美国正是春风得意，事业上风鹏正举，生活上待遇优厚之时，但激荡的报国爱国之心，使他毅然扔下美国的一切，立即回国。到了交通大学，担任了电机科教授，先教授机械工程系的电机工程，同时主持电机系的电机实验室及其课程。在 30 届电机系学生众口一声的推崇之中，钟兆琳教授接任了"交流电机课程"，一直担任主讲。很快，钟兆琳便成为交通大学的著名教授。他以其认真负责的精神，引人入胜的启发式教学方法赢得学生的一致好评，正如他的学生们所说："钟先生属于天才型教授，讲起书来如天马行空、行云流水，使人目不暇接"。"他先把一个基本概念（特别是较难理解的概念）不厌其烦地详细而反复地讲清楚，当同学们确实理解后，他才提纲挈领地对书本上其他内容做简要的指导，随即布置大家去自学。令人信服的是，每当先弄清基本概念后再去消化书本上的知识，会发觉既清楚又易懂，而且领会深，记得牢"。当时，教材都是英文版的，钟兆琳用英语讲解，他很注重英语语法，并通过严谨的语法结构，使他讲授的"电机工程""交流电机"等课程中的基本原理和概念得以准确地表达出来。经过融会贯通，同学们便可以触类旁通。钟兆琳教授通过教学，把一届又一届的学生培养成了祖国电机科学和电机工业的骨干。

在 20 世纪 20 年代以前，中国基本上没有搞电机的人才，微弱的工业所用的电机，连技术人员都来自西方。以后，随着一批又一批中国学子从校门走出，被输送到民族电机工业的前沿阵地上，中国才开始使自己的电机工业起步和发展。钟兆琳教授不但以其出众的才能培养出大批优秀人才，而且身体力行，把自己的教学和祖国的工业发展结合起来，为民族电机工业做出了巨大的贡献。1932 年年初，他说服华生风扇厂总工程师杨济川先生，制作他设计的分列芯式电流互感器频率表、同步指示器、动铁式频率表等，均取得成功。随之，受总经理叶友才先生的聘请，钟兆琳成为华生电扇厂兼职工程师。

20 世纪 30 年代，钟教授指导并参与研制出我国第一台交流发电机和电动机，促成了我国第一家民族电机制造厂成立。他成功地设计了分列芯式电流互感器、频率表、同步指示器等仪器仪表，长期担任教学工作，其启发式教学方法深受学生们欢迎，从事教育 60 余载，学子遍布海内外，为我国教育事业做出了重要贡献。

维修电工职业资格证书(中级)知识技能标准

职业功能	工作内容	技能要求	相关知识
一、工作前准备	(一)工具、量具及仪器	可以根据工作内容正确选用仪器、仪表	常用电工仪器、仪表的种类、特点及适用范围
	(二)读图与分析	可以读懂 X62W 铣床、MGB1420 磨床等较复杂的机械设备的电气控制原理图	1.常用较复杂机械设备的电气控制线路图。 2.较复杂电气图的读图方法
二、装调与维修	(一)电气故障检修	1.可以正确使用示波器、电桥、晶体管图示仪。 2.可以正确分析、检修、排除 55 kW 以下的交流异步电动机、60 kW 以下的直流电动机及各种特种电动机的故障。 3.可以正确分析、检修、排除交磁电动机扩大机、X62W 铣床、MGB1420 磨床等机械设备控制系统的电路及电气故障	1.示波器、电桥、晶体管图示仪的使用方法及考前须知。 2.直流电动机及各种特种电动机的构造、工作原理和使用与拆装方法。 3.交磁电动机扩大机的构造、原理、使用方法及控制电路方面的知识。 4.单相晶闸管交流技术
	(二)配线与安装	1.可以按图样要求进行较复杂机械设备的主、控线路配电板的配线(包括选择电器元件、导线等),以及整台设备的电气安装工作。 2.可以按图样要求焊接晶闸管调速器、调功器电路,并用仪器、仪表进展测试	明、暗电线及电器元件的选用知识
	(三)测绘	可以测绘一般复杂程度机械设备的电气局部	电气测绘根本方法
	(四)调试	可以独立进行 X62W 铣床、MGB1420 磨床等较复杂机械设备的通电工作,并能正确处理调试中出现的问题,经过测试、调整,最后达到控制要求	较复杂机械设备电气控制调试方法

维修电工职业资格证书强化习题

1. 绘制电气原理图时,通常把主线路和辅助线路分开,主线路用粗实线画在辅助线路的左侧或上部,辅助线路用( )画在主线路的右侧或下部。

A. 粗实线   B. 细实线   C. 点画线   D. 虚线

2. 在分析主电路时,应根据各电动机和执行电器的控制要求,分析其控制内容,如电动机的启动、( )等基本控制环节。

A. 工作状态显示   B. 调速

C. 电源显示   D. 参数测定

3. 电气测绘前，先要了解原线路的控制过程、控制顺序、控制方法和(　　)等。
   A. 布线规律　　　　B. 工作原理　　　　C. 元件特点　　　　D. 工艺

4. 电气测绘时，应(　　)以上协同操作，防止发生事故。
   A. 两人　　　　B. 三人　　　　C. 四人　　　　D. 五人

5. 在反接制动中，速度继电器(　　)，其触头串接在控制电路中。
   A. 线圈串接在电动机主电路中　　　　B. 线圈串接在电动机控制电路中
   C. 转子与电动机同轴连接　　　　D. 转子与电动机不同轴连接

6. 正反转控制线路，在实际工作中最常用、最可靠的是(　　)。
   A. 倒顺开关　　　　B. 接触器联锁
   C. 按钮联锁　　　　D. 按钮、接触器双重联锁

7. 主令电器的任务是(　　)，故称为主令电器。
   A. 切换主电路　　　　B. 切换信号回路
   C. 切换测量回路　　　　D. 切换控制电路

8. 接触器自锁控制电路，除接通或断开电路外，还具有(　　)功能。
   A. 失压和欠压保护　　　　B. 短路保护
   C. 过载保护　　　　D. 零励磁保护

9. 自动往返控制线路属于(　　)线路。
   A. 正反转控制　　　　B. 点动控制　　　　C. 自锁控制　　　　D. 顺序控制

10. 三相异步电动机在运行时出现一相断电，对电动机带来的主要影响是(　　)。
    A. 电动机立即停转
    B. 电动机转速降低，温度升高
    C. 电动机出现振动及异声
    D. 电动机立即烧毁

11. 在三相交流异步电动机定子上布置结构完全相同，在空间位置上互差(　　)电角度的三相绕组，分别通入三相对称交流电，则在定子与转子的空气隙间将会产生旋转磁场。
    A. 60°　　　　B. 90°　　　　C. 120°　　　　D. 180°

12. 适用电动机容量较大且不允许频繁启动的降压启动方法是(　　)。
    A. 星形—三角形　　　　B. 自耦变压器
    C. 定子串电阻　　　　D. 延边三角形

13. 生产机械的位置控制是利用生产机械运动部件的挡块与(　　)的相互作用而实现的。
    A. 位置开关　　　　B. 挡位开关　　　　C. 转换开关　　　　D. 联锁按钮

14. 反接制动时，使旋转磁场反向转动，与电动机的转动方向(　　)。
    A. 相反　　　　B. 相同　　　　C. 不变　　　　D. 垂直

15. 甲乙两个接触器，欲实现互锁控制，则应(　　)。
    A. 甲接触器的线圈电路中串入乙接触器的动断触点
    B. 在乙接触器的线圈电路中串入甲接触器的动断触点
    C. 在两接触器的线圈电路中互串入对方的动断触点
    D. 在两接触器的线圈电路中互串入对方的动合触点

项目三　直流电动机控制电路装调

学习目标

1. 掌握直流电动机的启动、调速、制动方法。
2. 具有直流电动机启动、调速、制动电路的装调能力。
3. 具有严谨认真负责任的工作态度。
4. 培养学生德才兼备、精益求精的大国工匠精神。
5. 具备科学的、辩证的唯物主义思想。
6. 拥有探索未知、追求真理、勇攀高峰的责任感和使命感。
7. 具有正确认识问题、分析问题、解决问题的能力。

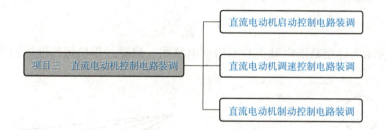

任务一　直流电动机启动控制电路装调

任务描述

　　现有一台他励直流电动机，请设计一个直流电动机启动控制电路，完成相关接线并调试成功。

相关知识

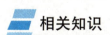

一、启动方法

1. 全压启动

（1）全压启动。全压启动是在电动机磁场磁通为 Φ_N 情况下，在电动机电枢上直接加以额定电压的启动方式。

启动电流 I_{st} 为：$I_{st}=\dfrac{U_N}{R_a}$。

启动转矩 T_{st} 为：$T_{st}=C_T\Phi_N I_{st}$（C_T 为常数）。

(2)他励直流电动机不允许直接启动。因为他励直流电动机电枢电阻 R_a 阻值很小，额定电压下直接启动的启动电流很大，通常可达额定电流的 $10\sim20$ 倍，启动转矩也很大。过大的启动电流会引起电网电压下降，影响其他用电设备的正常工作，同时电动机自身的换向器产生剧烈的火花。而过大的启动转矩还可能使轴受到不允许的机械冲击。所以全压启动只限于容量很小的直流电动机。

2. 减压启动

减压启动是启动前将施加在电动机电枢两端的电源电压降低，以减小启动电流 I_{st} 的启动方式。

启动电流通常限制在 $(0.5\sim2)I_N$ 内，则启动电压应为

$$U_{st}=I_{st}R_a=(0.5\sim2)I_N R_a$$

3. 电枢回路串电阻启动

电枢回路串电阻启动是电动机电源电压为额定值且恒定不变时，在电枢回路中串接一个启动电阻 R_{st} 的启动方式，此时 I_{st} 为

$$I_{st}=\dfrac{U_N}{R_a+R_{st}}$$

图 3-1 所示为他励直流电动机自动启动电路图。启动过程机械特性如图 3-2 所示。

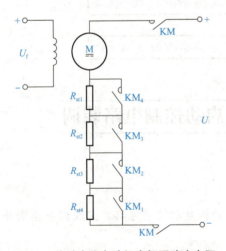

图 3-1　他励直流电动机电枢回路串电阻
启动控制主电路图

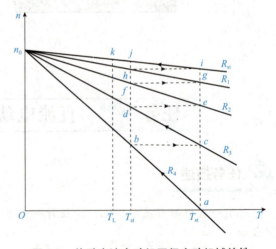

图 3-2　他励直流电动机四级启动机械特性

二、直流电动机串电阻启动电路

(1)按下控制屏上的"启动"按钮，欠电流继电器 KI_2 常开触头闭合，按下启动按钮 SB_2，KM_1 通电并自锁，主触点闭合，接通电动机电枢电源，直流电动机串电阻启动。

(2)经过一段延时后，KT 的延时闭合触点闭合，KM_2 线圈通电，常开触头闭合，短接

电阻 R 使电动机全压运行，启动过程结束。

（3）按下停止按钮 SB_1，KM_1、KM_2、KT 断电，电动机停止运转。

直流电动机串电阻启动电路如图 3-3 所示。

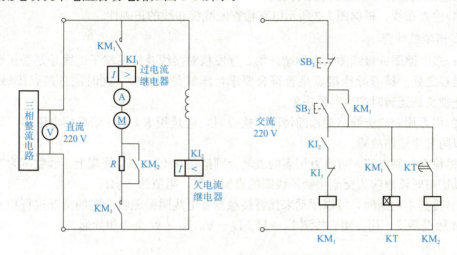

图 3-3 直流电动机串电阻启动电路

三、接线步骤及工艺要求

1. 检查元器件

（1）用万用表或目视检查元器件数量、质量。

（2）测量接触器线圈阻抗，为检测控制电路接线是否正确做准备。

2. 安装元件

（1）按布置图在配线板上安装行线槽和电器元件。

（2）工艺要求。

①断路器、熔断器的受电端子应安装在配线板的外侧，并确保熔断器的受电端为底座的中心端。

②各元件的安装位置应整齐、匀称，间距合理。

③紧固元件时，用力要均匀，紧固程度适当。

3. 布线

（1）接线前断开电源。

（2）初学者应按主电路、控制电路的先后顺序，由上至下、由左至右依次连接。

（3）工艺要求。

①布线通道尽可能少、导线长度尽可能短、导线数量尽可能少。

②同路并行导线按主电路、控制电路分类集中，单层密排，紧贴安装面布线。

③同一平面的导线应高低一致或前后一致，走线合理，不能交叉或架空。

④对螺栓式接点，导线按顺时针方向弯圈；对压片式接点，导线可直接插入压紧；不能压绝缘层，也不能露铜过长。

⑤布线应横平竖直，分布均匀，变换走向时应垂直。

⑥严禁损坏导线绝缘和线芯。

⑦一个接线端子上的连接导线不宜多于两根。

⑧进出线应合理汇集在端子排上。

(4)检查布线。根据图 3-3 所示电路检查配线板布线的正确性。

4. 通电前检查

(1)按电路图或接线图从电源端开始，逐段核对接线及接线端子处线号是否正确，有无漏接错接之处。检查导线接点是否符合要求，压线是否结实。同时注意接点接触应良好，以防止带负载运转时产生闪弧现象。

(2)用万用表检查线路的通断情况。检查时，应选用 $R \times 100$ 倍率的电阻挡，并进行校零，以防发生短路故障。

(3)检查控制电路，可将万用表的表笔分别搭接在 U_{12}、V_{12} 线端上，读数应为"∞"，按下启动按钮时读数应为交流接触器线圈的直流电阻，阻值约 2 kΩ。

(4)检查主电路时，可以手动来代替接触器受电线圈励磁吸合时的情况进行检查，即按下 KM 触点系统，用万用表检测 L_1—U、L_2—V、L_3—W 是否相导通。

5. 试车

(1)为保证学生的平安，通电试车必须在指导教师的监护下开展。试车前应做好准备工作，包括清点工具；去除安装底板上的线头杂物；装好接触器的灭弧罩；检查各组熔断器的熔体；分断各开关，使按钮、行程开关处于未操作前的状态；检查三相电源是否对称等。

(2)空操作试验。正确连接好电源后，接通三相电源，使线路不带负荷（电动机）通电操作，以检查辅助电路工作是否正常。操作各按钮检查它们对接触器的控制作用；检查接触器的控制作用；注意有无卡住或阻滞等不正常现象；细听电器动作时有无过大的振动噪声；检查有无线圈过热等现象。

(3)带负荷试车。控制线路经过数次空操作试验动作无误，即可切断电源后，再正确连接好电动机带负荷试车。电动机启动前应先做好停车准备，启动后要注意它的运行情况。如果发现电动机启动困难、发出噪声及线圈过热等异常现象，应立即停车，切断电源后进行检查。

 **任务实施**

一、工具准备

万用表以及螺钉旋具（一字、十字）、剥线钳、尖嘴钳、钢丝钳等常用接线工具。

二、实施步骤

(1)确定控制方案。根据本任务的任务描述和控制要求，确定控制方案。

(2)绘制原理图、标注节点号码，并说明其工作原理和具有的保护功能。

(3)绘制电器元件布置图、安装接线图。

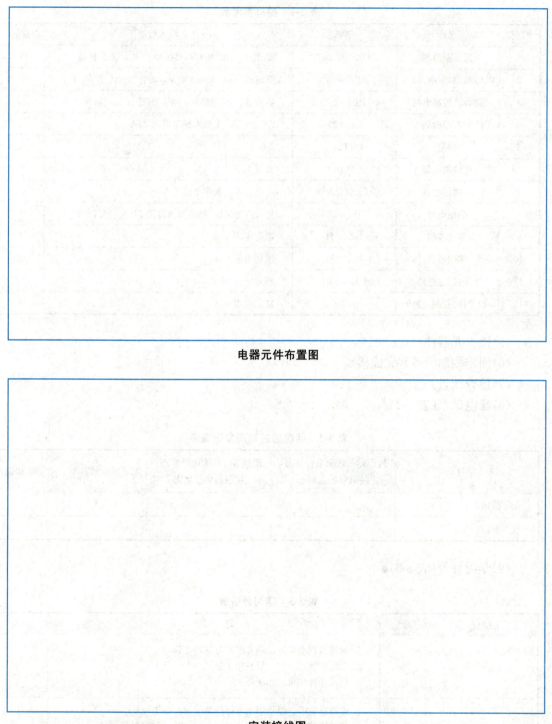

电器元件布置图

安装接线图

(4)选择器件、导线。根据低压断路器、熔断器、接触器、热继电器、复合按钮、端子排、导线的选择原则，结合本任务具体参数(线路额定电压为～380 V、电动机额定电流为15.4 A)，选择本任务所需元器件、导线的型号和数量，参见表 3-1。

表 3-1　器材参考表

序号	名称	型号	主要技术数据	数量
1	低压断路器	DZ5-50/300	塑壳式，AC 380 V，50 A，3 极，无脱扣器	1
2	熔断器(主电路)	RL1-60/40	螺旋式，AC 380/400 V，熔管 60 A，熔体 40 A	3
3	熔断器(控制电路)	RL1-15/2	螺旋式，AC 380/400 V，熔管 15 A，熔体 2 A	2
4	交流接触器	CJ20-25	AC 380V，主触点额定电流 25A	2
5	电阻	RT21	2 Ω	3
6	电流继电器	JL14	直流 220 V	2
7	时间继电器	JST-2A	AC220 V，额定电流 5 A	1
8	热继电器	JR20-25	热元件号 2T，整定电流范围 11.6～14.3～17 A	1
9	常开按钮	LA4-3H	额定电流 5 A	1
10	常闭按钮	LA4-3H	额定电流 5 A	2
11	端子排(主电路)	JX3-25	额定电流 25 A	12
12	端子排(控制电路)	JX3-5	额定电流 5 A	8

(5)检查元器件。

(6)固定控制设备并完成接线。

(7)检查测量。

(8)通电试车(表 3-2)。

表 3-2　通电后过程现象记录表

项目	接触器 1 线圈吸合状态，接触器触点状态	接触器 2 线圈吸合状态，接触器触点状态	电流继电器状态	电动机状态
按下按钮：				
按下按钮：				

(9)学习评价(表 3-3)。

表 3-3　学习评价表

项目	总分	评分细则	得分
元件安装	20	1. 元件布置不整齐、不合理，每只扣 2 分； 2. 元件安装不牢固，每只扣 1 分； 3. 损坏元件，每只扣 3 分	
电路连接	40	1. 未画安装图、原理图上未标注电位号，各扣 3 分； 2. 接点松动、线头露铜超过 2 mm、反圈、压绝缘层，每处扣 1 分； 3. 导线交叉，每根扣 1 分； 4. 一个接线点超过 2 根线，每处扣 1 分； 5. 导线未进入线槽，每根扣 1 分； 6. 按钮和电动机外连接线未从端子排过渡，各扣 2 分	

项目	总分	评分细则	得分
通电	20	1. 出现短路故障，扣2分； 2. 1次通电不成功，扣10分，以后每次通电不成功，均扣5分	
安全文明生产、团队合作精神	20	每违反一次，扣10分	
合计			

任务二　直流电动机调速控制电路装调

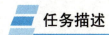

现有一台他励直流电动机，请设计一个直流电动机调速控制电路，完成相关接线并调试成功。

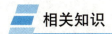

直流他励电动机的调速方法有降压调速、改变电枢回路串电阻调速、减弱磁通调速3种。

一、改变电枢电路串联电阻的调速

电枢回路串接电阻 R_{pa} 时的人为机械特性曲线如图 3-4 所示。

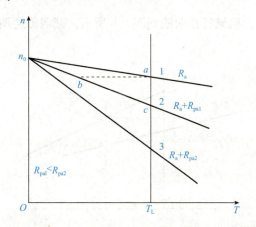

图 3-4　他励直流电动机电枢串电阻调速的机械特性

电枢串电阻调速的特点如下：

(1)是基速以下调速，且串入电阻越大，特性越软。

(2)是有级调速，调速的平滑性差。

(3)调速电阻消耗的能量大、不经济。

(4)电枢串电阻调速方法简单，设备投资少。

(5)适用于小容量电动机调速，但调速电阻不能用启动变阻器代替。

二、降低电枢电压调速

降低电枢电压后的人为机械特性曲线如图 3-5 所示。降低电枢电压调速的特点如下：

(1)调速性能稳定，调速范围广。

(2)调速平滑性好，可实现无级调速。

(3)损耗减小，调速经济性好。

(4)调压电源设备较复杂。

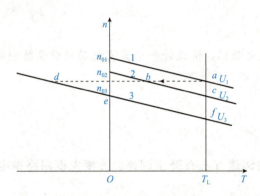

图 3-5　他励直流电动机降压调速的机械特性

三、减弱磁通调速

减弱磁通调速的人为机械特性曲线如图 3-6 所示。减弱磁通调速的特点如下：

(1)调速范围不大。

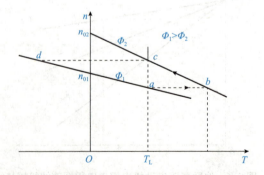

图 3-6　他励直流电动机减弱磁通调速的机械特性

（2）调速平滑，可实现无级调速。

（3）能量损耗小。

（4）控制方便，控制设备投资少。

四、他励直流电动机调速电路

他励直流电动机调速电路如图 3-7 所示。

（1）把主令开关打在"0"位置，电阻 R_2 阻值打到最小位置。按下控制屏的"启动"按钮，这时欠电流继电器 KI_2 常开触点闭合，同时中间继电器 KA 通电，常开触头闭合自锁，为直流电动机电枢串电阻启动做好准备工作。

（2）把主令开关扳至"Ⅰ"位置，继电器 KM_1 通电，常开触头闭合，直流电动机电枢串电阻启动运转。

（3）把主令开关扳至"Ⅱ"位置，KM_2 通电，切除电枢串电阻，电动机全压运行。

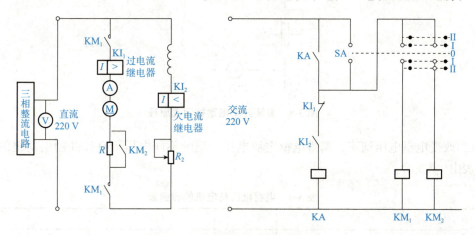

图 3-7　他励直流电动机调速电路

（4）调节电阻 R_2 的阻值，使电阻 R_2 的阻值逐渐增大，观察电动机的运转速度。

（5）把主令开关从"Ⅱ"位置扳至"0"位置，然后按下控制屏的"停止"按钮，电动机停止运转。

五、接线步骤及工艺要求

安装步骤及工艺要求与任务一相同，不再赘述。

直流并励电动机
调速控制实验

 任务实施

一、工具准备

万用表以及螺钉旋具（一字、十字）、剥线钳、尖嘴钳、钢丝钳等常用接线工具。

二、实施步骤

绘制原理图、标注节点号码，并说明其工作原理和具有的保护功能。

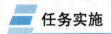 **任务实施**

（1）按照直流并励电动机调速实验原理，进行接线，原理如图 3-8 所示。

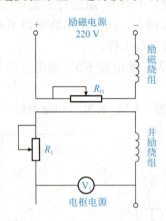

图 3-8　直流并励电动机调速原理

（2）改变电枢电压调速。调整电枢电源电压，记录不同电压下直流并励电动机的转速，填入表中（表 3-4）。

表 3-4　电枢电压与电机的转速表

U_a/V							
$n/(r \cdot min^{-1})$							

（3）改变电枢绕组串电阻调速。调整电枢绕组串入的电阻 R_1 的电阻大小，记录不同电阻值下的直流并励电动机的转速，填入表中（表 3-5）。

表 3-5　电枢绕组串电阻与电动机的转速表

R_1/Ω							
$n/(r \cdot min^{-1})$							

（4）改变磁通调速。改变励磁回路滑动变阻器的阻值即改变磁通大小，调整励磁回路电阻 R_{f1} 的电阻大小，记录不同阻值下直流并励电动机的转速，填入表中（表 3-6）。

表 3-6　励磁绕组阻值与电动机的转速表

R_{f1}/Ω							
$n/(r \cdot min^{-1})$							

（5）直流并励电动机正反转实验。
①在图 3-8 的基础上，将励磁电压极性互换，观测转速表的转速。

②在图 3-8 的基础上，将电枢电压极性互换，观测转速表的转速。

(6)学习评价（表 3-7）。

表 3-7　学习评价表

项目	总分	评分细则	得分
元件安装	20	1. 元件布置不整齐、不合理，每只扣 2 分； 2. 元件安装不牢固，每只扣 1 分； 3. 损坏元件，每只扣 3 分	
电路连接	40	1. 未画安装图、原理图上未标注电位号，各扣 3 分； 2. 接点松动、线头露铜超过 2 mm、反圈、压绝缘层，每处扣 1 分； 3. 导线交叉，每根扣 1 分； 4. 一个接线点超过 2 根线，每处扣 1 分； 5. 导线未进入线槽，每根扣 1 分； 6. 按钮和电动机外连接线未从端子排过渡，各扣 2 分	
通电	20	1. 出现短路故障，扣 2 分； 2. 1 次通电不成功，扣 10 分，以后每次通电不成功，均扣 5 分	
安全文明生产、团队合作精神	20	每违反一次，扣 10 分	
合计			

任务三　　直流电动机制动控制电路装调

任务描述

　　现有一台他励直流电动机，请设计一个直流电动机制动控制电路，完成相关接线并调试成功。

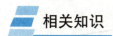
相关知识

　　直流电动机的电气制动是使电动机产生一个与旋转方向相反的电磁转矩，阻碍电动机转动。

　　常用的电气制动方法有能耗制动、反接制动和发电回馈制动。

一、能耗制动

　　制动原理：能耗制动是把正处于电动机运行状态的他励直流电动机的电枢从电网上切除，并接到一个外加的制动电阻 R_{bk} 上构成闭合回路。控制电路如图 3-9(a)所示。

　　能耗制动开始瞬间电动机电枢电流为

$$I_a = \frac{U - E_a}{R_a + R_{bk}} = -\frac{E_a}{R_a + R_{bk}}$$

在制动过程中，电动机把拖动系统的动能转变为电能并消耗在电枢回路的电阻上，故称为能耗制动。制动电路如图3-9(b)所示。

能耗制动的机械特性方程：

$$n=\frac{0}{C_e\Phi}-\frac{R_a+R_{bk}}{C_eC_T\Phi^2}T=-\frac{R_a+R_{bk}}{C_eC_T\Phi^2}T \quad (C_e \text{、} C_T \text{ 均为常数})$$

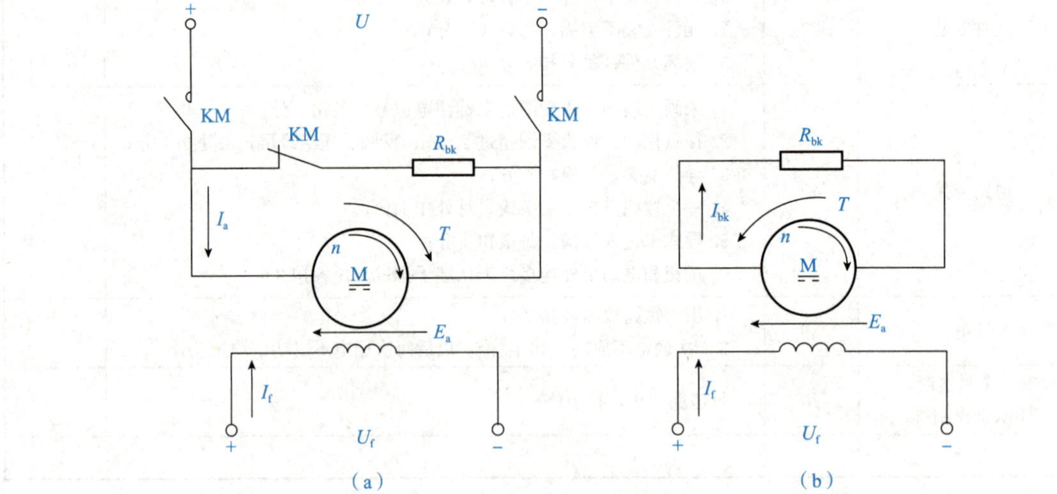

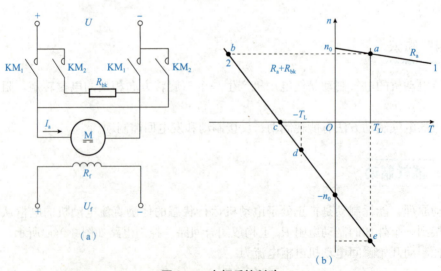

图 3-9　能耗制动

(a)控制电路；(b)制动电路

二、反接制动

制动原理：电枢反接制动是将电枢反接在电源上，同时电枢回路要串接制动电阻 R_{bk}，如图3-10所示。反接制动开始瞬间电动机电枢电流 I_a 为

$$I_a=\frac{-U_N-E_a}{R_a+R_{bk}}=-\frac{U_N+E_a}{R_a+R_{bk}}$$

图 3-10　电枢反接制动

(a)控制电路；(b)机械特征

机械特性如下：

$$n=\frac{-U_N}{C_e\Phi}-\frac{R_a+R_{bk}}{C_eC_T\Phi^2}T=-n_0-\frac{R_a+R_{bk}}{C_eC_T\Phi^2}T$$

三、发电回馈制动

当电动机转速高于理想空载转速，即 $n>n_0$ 时，电枢电动势 E_a 大于电枢电压 U，电枢电流 I_a 反向，电磁转矩 T 为制动性质转矩，电动机向电源回馈电能，此时电动机运行状态称为发电回馈制动。

应用：位能负载高速下放和降低电枢电压调速等场合。

1. 位能负载高速拖动电动机时的发电回馈制动

（1）制动原理：由直流电动机拖动的电车在平路行驶，当电车下坡时电磁转矩 T 与负载转矩 T_L（包括摩擦转矩 T_f）共同作用，使电动机转速上升，当 $n>n_0$ 时，$E_a>U$，I_a 反向，T 反向成为制动转矩，电动机运行在发电回馈制动状态。

（2）特点：$E_a>U$，I_a 反向，电磁转矩 T 为制动转矩，负载转矩 T_L 为拖动转矩，电动机发电机运行将轴上输入的机械功率变为电磁功率，其中大部分回馈电网，则小部分消耗在电枢绕组的铜耗上。

位能负载拖动电动机的发电回馈制动如图 3-11 所示。

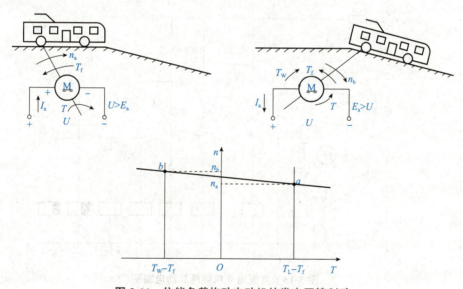

图 3-11 位能负载拖动电动机的发电回馈制动

（3）机械特性：

$$n=n_0-\frac{R_a}{C_eC_T\Phi^2}(-T)=n_0+\frac{R_a}{C_eC_T\Phi^2}T$$

2. 降低电枢电压调速时的发电回馈制动

制动原理：将做电动运行状态的电动机电枢电压突然降低时，人为机械特性向下平移，理想空载转速由 n_0 降到 n_{01}，但因惯性电动机转速不能突变，使 $n_a>n_{01}$，$E_a>U_1$，致使电动机电枢电流 I_a 和电磁转矩 T 变为负值，电动机转速迅速下降。从特性 b 点至 n_{01} 点之间电动机处于发电回馈制动状态，如图 3-12 所示。

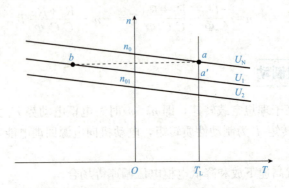

图 3-12　降压调速时的发电回馈制动机械特性

四、直流电动机能耗制动电路图

如图 3-13 所示，合上电源开关 QS，时间继电器 KT_1、KT_2 线圈通电，其常闭触头瞬时断开，接触器 KM_3、KM_4 线圈断电，保证 R_1、R_2 串入电枢回路；同时 KM_2 线圈通电，其主触点闭合，使励磁绕组 D_1、D_2 形成放电闭合回路。

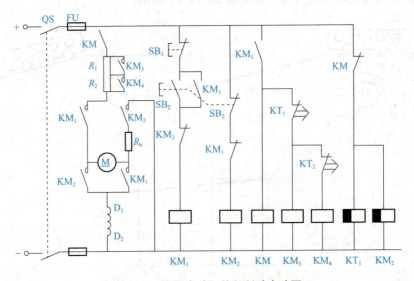

图 3-13　直流电动机能耗制动电路图

按下启动按钮 SB_2，其常闭触点断开，接触器 KM_2 线圈通电，其所有触点复位。同时，SB_2 常开触点闭合，正转接触器 KM_1 线圈通电，其常闭触点断开，实现联锁；KM_1 主触点闭合，R_1、R_2 被串入电枢回路。另外 KM_1 常开触点闭合，KM 线圈通电，KM 主触点闭合，电动机串电阻启动；同时，KM 常闭触点断开，KT_1、KT_2 线圈断电，延时开始。由于 KT_1 的延时时间调得比 KT_2 短，所以经过一段时间 KT_1 常闭触点先复位，KM_3 线圈先通电，KM_3 主触点闭合，则 R_1 先被短接，电动机转速继续上升；KT_2 延时结束，KM_4 线圈通电，其主触点闭合，R_2 也被短接，电动机转速继续上升，最后达到稳定则启动结束。

按下停止按钮 SB_1，KM_1 线圈断电，其主触点断开，同时电源接触器 KM 线圈断电，KM 主触点断开，主回路断电，电动机做惯性运转。KM_1 常闭触点复位，接触器 KM_2 线圈通电，其常闭触点断开，实现联锁；常开主触点闭合，使电动机电枢绕组连接制动电阻 R_b 后与其励磁绕组反向串联，组成闭合回路，实现能耗制动。

五、接线步骤及工艺要求

安装步骤及工艺要求与任务一相同，不再赘述。

任务实施

(1)确定控制方案。根据本任务的任务描述和控制要求，选择点动控制方式。

(2)绘制原理图、标注节点号码，并说明其工作原理和具有的保护功能。

(3)绘制电器元件布置图、安装接线图。

电器元件布置图

安装接线图

(4)选择元器件、导线。根据低压断路器、熔断器、接触器、热继电器、复合按钮、端子排、导线的选择原则，结合本任务具体参数(线路额定电压为～380 V、电动机额定电流为15.4 A)，选择本任务所需元器件、导线的型号和数量，参见表3-1。

(5)检查元器件。

(6)固定控制设备并完成接线。

(7)检查测量。

(8)通电试车(表3-8)。

表3-8　通电后过程现象记录表

项目	接触器1线圈吸合状态，接触器触点状态	接触器2线圈吸合状态，接触器触点状态	电流继电器状态
按下按钮：			
按下按钮：			

(9)学习评价(表3-9)。

表3-9　学习评价表

项目	总分	评分细则	得分
元件安装	20	1. 元件布置不整齐、不合理，每只扣2分； 2. 元件安装不牢固，每只扣1分； 3. 损坏元件，每只扣3分	

项目	总分	评分细则	得分
电路连接	40	1. 未画安装图、原理图上未标注电位号，各扣 3 分； 2. 接点松动、线头露铜超过 2 mm、反圈、压绝缘层，每处扣 1 分； 3. 导线交叉，每根扣 1 分； 4. 一个接线点超过 2 根线，每处扣 1 分； 5. 导线未进入线槽，每根扣 1 分； 6. 按钮和电动机外连接线未从端子排过渡，各扣 2 分	
通电	20	1. 出现短路故障，扣 2 分； 2. 1 次通电不成功，扣 10 分，以后每次通电不成功，均扣 5 分	
安全文明生产、团队合作精神	20	每违反一次，扣 10 分	
合计			

问 题 思 考

1. 用什么方法可以改变直流电动机的转向？
2. 设计直流电动机正反转控制电路，并说明工作原理。
3. 设计直流电动机反接制动控制电路，并说明工作原理。

 知识拓展

飞天神舟深空探测

1992 年，我国载人航天工程正式立项研制，这是中国航天史上迄今为止规模最大、系统最复杂、技术难度最高的系统工程。在全国各有关部门和科技人员的大力协同下，航天科技人员仅用 7 年的时间就攻克了载人航天的 3 大技术难题，即研制成功了可靠性很高的大推力火箭，掌握了载人飞船的安全返回技术，建造了载人太空飞行良好的生命保障系统。随着各项工程进度顺利，1999 年 11 月 20 日，中国第一艘无人试验飞船"神舟一号"飞船在酒泉起飞并成功着陆，圆满完成"处女之行"，揭开了我国载人航天工程发展的序幕。

神舟一号

"我们的飞船比美、苏的晚 40 年才发射，但飞船技术水平要和他们现在的技术水平相当，要体现技术进步，不能照抄，要迎头赶上。"中国载人航天总设计师王永志说。

根据我国的国情和国力，遵照"863"高技术研究发展的指导思想，中国航天专家们一致同意从研制飞船起步，开始发展我国的载人航天事业。同时考虑到我国在运载火箭和应用卫星方面已拥有相当坚实的技术基础和丰富的研制经验，以及有可能借鉴国外研制载人飞船的经验，我国可一步到位研制第 3 代飞船，即多人 3 舱式载人飞船。

发射我国"神舟"宇宙飞船的长征-2F火箭除提高了系统的可靠性外，还增加了故障检测系统和逃逸救生系统(逃逸救生塔)，火箭飞行可靠性达97%，航天员的安全性达到了99.7%。

为了保证飞船和航天员的顺利飞行，我国的载人航天测控网包括北京航天指挥控制中心、西安卫星测控中心、陆地测控站、分布在三大洋的海上测控船以及连接它们的通信网，其技术达到世界先进水平。西安测控中心、各地的测控台站和测控船在北京航天指挥控制中心的指挥调度下，保证了"神舟"在上升段的测控通信覆盖率达到100%，完成了在轨运行和返回阶段的重点弧段的测控通信。

神舟五号

2003年10月15日9时整，我国自行研制的"神舟五号"载人飞船在酒泉卫星发射中心发射升空，飞行员杨利伟成功实现中华民族千年飞天梦想。这是我国进行的首次载人航天飞行，标志着中国载人航天工程取得历史性重大突破，中国已成为世界上第三个能够独立开展载人航天活动的国家。"神舟五号"载人飞船是在前四艘无人飞船基础上研制的我国第一艘载人飞船，乘有1名航天员，在轨运行1天。整个飞行期间为航天员提供必要的生活和工作条件，同时将航天员的生理数据、电视图像发送回地面，并确保航天员安全返回。

这次发射的"神舟五号"飞船是世界上已有的近地轨道飞船中最大的也是最好的飞船，它具有五大优势。第一，"联盟"号飞船虽也能容纳3名航天员但太拥挤，而"神舟"号飞船返回舱直径较大也更宽阔。第二，飞船具有留轨利用的特点。俄罗斯的轨道舱用完后是扔掉的，而"神舟五号"飞船的轨道舱在航天员返回地球后还可留在轨道上连续工作半年以上，并可作为将来交会对接的目标。第三，"神舟五号"飞船的制导、导航控制分系统和数据管理分系统具有三机容错能力。第四，"神舟五号"飞船上安装了自动和手动半自动两套应急救生装置，万一自动装置出现故障，船上的手动半自动安全系统可发挥作用。第五，"神舟五号"飞船上许多系统采用了大量先进的计算机智能管理系统。

对于中国的首次载人太空飞行，路透社报道说，中国第一艘载人飞船肩负着带领中国跨入由苏联和美国垄断40多年的太空俱乐部的任务。美联社报道说，继美国和苏联之后，中国成为世界历史上第三个有能力这样做(实现载人航天飞行)的国家。

神舟六号

"神舟六号"的整个研发过程是我国完全依靠自己的技术独立自主完成的，拥有自己的知识产权。托举神舟飞天的运载火箭，仅是故障检测处理系统和逃逸系统，就采用了30多项具有自主知识产权的新技术。这表明，我国在高科技领域，从基础技术的研究到精密配件的制造，能够实现真正意义上的"中国制造"。

"神舟六号"与"神舟五号"不同，杨利伟乘坐"神舟五号"飞行1天，都是待在返回舱里，可"神舟六号"飞船两名航天员衣食住行都要进入轨道舱。从返回舱进入轨道舱，首先要打开连接两个舱的舱门。这项技术对中国航天来说是第一次，也是中国随后一系列载人航天必须突破的焦点。实际飞行证明，中国科技人员设计的这个系统，运行可靠，为中国将来实现航天员出舱和轨道飞行器对接提供了参照。

2005年10月12日9时，我国自主研制的"神舟六号"载人飞船，在酒泉卫星发射中心发射升空后，准确进入预定轨道。"神舟六号"载人飞船按预定计划进行两人多天飞行，航天员费俊龙、聂海胜乘坐飞船执行中国第二次航天飞行任务。

"神舟六号"载人飞行实现了多个第一，即首次多天空间飞行、首次进行有人照料的空间实验、首次进行自主飞船轨道维持、首次载人飞行达 325 万千米、首次太空穿脱航天服、首次在太空吃上热食、首次启用太空睡袋、首次设置大小便收集装置、首次全面启动环控生保系统、首次增加火箭安全机构、首次安装了摄像头、首次启用副着陆场、首次启动图像传输设备、首次全程直播载人发射等。

神舟七号

"神舟七号"载人航天飞行的主要任务是实施我国航天员第一次空间出舱活动，突破和掌握出舱活动相关技术，同时开展卫星伴飞、卫星数据中继等空间科学和技术试验。这次载人航天飞行技术跨度大、任务风险大、航天员操作强度大、实施难度大、参试系统庞大。"神舟七号"在天上的飞行程序早已设定好，地面人员只是监视而已，在太空完全自动飞行直至返回，并不需要进行干预，从发射到返回飞船飞行一直处于全自动状态，在需要时，航天员也能手动驾驶飞船。

"神舟七号"和"神舟六号"相比，比较大的状态变化主要有三个方面。第一，要执行出舱试验任务，这个是我国载人航天工程第二步第一阶段关键要突破的技术；第二，飞船也是满载的，就是载 3 名航天员最长飞 5 天，这样就实现神舟飞船的额定能力；第三，"神舟七号"飞行期间要进行一些卫星通信的新技术试验。此外，这次飞行还要进行施放和伴飞小卫星试验，这将为大型航天器的在轨故障诊断和保障奠定基础，同时将对延伸和拓展航天器的功能和应用起到积极作用，并且也将为后续中国航天器空间交会对接活动提供有益经验。

神舟十二号

北京时间 2021 年 6 月 17 日 9 时 22 分，搭载"神舟十二号"载人飞船的长征二号 F 遥十二运载火箭，在酒泉卫星发射中心点火发射。此后，"神舟十二号"载人飞船与火箭成功分离，进入预定轨道，顺利将聂海胜、刘伯明、汤洪波 3 名航天员送入太空，飞行乘组状态良好，发射取得圆满成功。

2021 年 6 月 17 日 15 时 54 分，据中国载人航天工程办公室消息，"神舟十二号"载人飞船入轨后顺利完成入轨状态设置，采用自主快速交会对接模式成功对接于"天和"核心舱前向端口，与此前已对接的"天舟二号"货运飞船一起构成三舱(船)组合体，整个交会对接过程历时约 6.5 小时。

神舟十三号

北京时间 2021 年 10 月 16 日 0 时 23 分，搭载"神舟十三号"载人飞船的长征二号 F 遥十三运载火箭点火发射，"神舟十三号"载人飞船与火箭成功分离，进入预定轨道，顺利将翟志刚、王亚平、叶光富 3 名航天员送入太空，飞行乘组状态良好，发射取得圆满成功。

神舟十四号

2022 年 6 月 5 日 10 时 44 分 07 秒在酒泉卫星发射中心发射"神舟十四号"载人飞船，3 名航天员进驻核心舱并在轨驻留 6 个月。"神舟十四"乘组将配合地面完成空间站组装建设工作，要经历 9 种组合体构型、5 次交会对接、3 次分离撤离和 2 次转位任务；将首次进驻"问天""梦天"实验舱，建立载人环境；配合地面开展两舱组合体、三舱组合体、大小机械臂测试，气闸舱出舱相关功能测试等工作；首次利用气闸舱实施出舱活动，完成两个实验舱 14 个机柜解锁、安装等工作。

维修电工职业资格证书(中级)　知识技能标准

职业功能	工作内容	技能要求	相关知识
一、工作前准备	(一)工具、量具及仪器	可以根据工作内容正确选用仪器、仪表	常用电工仪器、仪表的种类、特点及适用范围
	(二)读图与分析	可以读懂X62W铣床、MGB1420磨床等较复杂的机械设备的电气控制原理图	1. 常用较复杂机械设备的电气控制线路图; 2. 较复杂电气图的读图方法
二、装调与维修	(一)电气故障检修	1. 可以正确使用示波器、电桥、晶体管图示仪; **2. 可以正确分析、检修、排除55 kW以下的交流异步电动机、60 kW以下的直流电动机及各种特种电动机的故障;** 3. 可以正确分析、检修、排除交磁电动机扩大机、X62W铣床、MGB1420磨床等机械设备控制系统的电路及电气故障	1. 示波器、电桥、晶体管图示仪的使用方法及考前须知; **2. 直流电动机及各种特种电动机的构造、工作原理和使用与拆装方法;** 3. 交磁电动机扩大机的构造、原理、使用方法及控制电路方面的知识; 4. 单相晶闸管交流技术
	(二)配线与安装	1. 可以按图样要求进行较复杂机械设备的主、控线路配电板的配线(包括选择电器元件、导线等),以及整台设备的电气安装工作; 2. 可以按图样要求焊接晶闸管调速器、调功器电路,并用仪器、仪表进行测试	明、暗电线及电器元件的选用知识
	(三)测绘	可以测绘一般复杂程度机械设备的电气局部	电气测绘根本方法
	(四)调试	可以独立进行X62W铣床、MGB1420磨床等较复杂机械设备的通电工作,并能正确处理调试中出现的问题,经过测试、调整,最后达到控制要求	较复杂机械设备电气控制调试方法

维修电工职业资格证书强化习题

1. 直流电动机的额定功率指(　　)。

　A. 转轴上吸收的机械功率　　　　　B. 转轴上输出的机械功率

　C. 电枢端口吸收的电功率　　　　　D. 电枢端口输出的电功率

2. 欲使电动机能顺利启动达到额定转速,要求电磁转矩大于(　　)负载转矩。

　A. 平均　　　　　B. 瞬时　　　　　C. 额定　　　　　D. 启动

3. 负载转矩不变时，在直流电动机的励磁回路串入电阻，稳定后，电枢电流将(　　)，转速将(　　)。

    A. 上升，下降　　　　　　　　　B. 不变，上升

    C. 上升，上升　　　　　　　　　D. 不变，不变

4. 下列故障原因中，(　　)会导致直流电动机不能启动。

    A. 电源电压过高　　　　　　　　B. 电刷接触不良

    C. 电刷架位置不对　　　　　　　D. 励磁回路电阻过大

5. 一台并励直流发电机希望改变电枢两端正负极性，采用的方法是(　　)。

    A. 改变原动机的转向

    B. 改变励磁绕组的接法

    C. 既改变原动机的转向又改变励磁绕组的接法

6. 直流电动机启动时电枢回路串入电阻是为了(　　)。

    A. 增加启动转矩　　　　　　　　B. 限制启动电流

    C. 增加主磁通　　　　　　　　　D. 减少启动时间

7. 一台并励直流电动机若改变电源极性，则电动机的转向(　　)。

    A. 改变　　　　　B. 不变　　　　　C. 无法确定　　　　　D. 变小

8. 要改变并励直流电动机的转向，可以(　　)。

    A. 增大励磁　　　　　　　　　　B. 改变电源极性

    C. 改接励磁绕组连接方向　　　　D. 增大电压

9. 负载转矩不变时，在他励直流电动机的励磁回路中串入电阻，稳定后，电枢电流将(　　)。

    A. 增加　　　　　B. 减小　　　　　C. 不变　　　　　D. 跳变

10. 直流电动机降压调速稳定后，如果磁场和总负载转矩不变，则(　　)不变。

    A. 输入功率　　　　B. 输出功率　　　　C. 电枢电流　　　　D. 输出电压

11. 直流电动机在串电阻调速过程中，若负载转矩保持不变，则(　　)保持不变。

    A. 输入功率　　　　B. 输出功率　　　　C. 电磁功率　　　　D. 电动机的效率

12. 启动直流电动机时，磁路回路电源应(　　)。

    A. 与电枢回路同时接入　　　　　B. 比电枢回路先接入

    C. 比电枢回路后接入　　　　　　D. 都可以

13. 一台串励直流电动机运行时励磁绕组突然断开，则(　　)。

    A. 电动机转速升到危险的高速　　B. 保险丝熔断

    C. 转速降低　　　　　　　　　　D. 上面情况都不会发生

14. 直流电动机的电刷逆转向移动一个小角度，电枢反应性质为(　　)。

    A. 去磁与交磁　　　　　　　　　B. 增磁与交磁

    C. 纯去磁　　　　　　　　　　　D. 纯增磁

15. 并励直流电动机在运行时励磁绕组断开了，电动机将(　　)。

    A. 飞车　　　　　　　　　　　　B. 停转

    C. 可能飞车，也可能停转　　　　D. 继续运行

项目四 电动机的拆装与检修

学习目标

1. 掌握直流电动机、三相异步电动机、变压器的拆装与检修的方法。
2. 具有拆装与排查直流电动机、三相异步电动机、变压器故障的能力。
3. 具有正确认识问题、分析问题、解决问题的能力。
4. 具有良好的团队协作精神。
5. 具有爱岗敬业、无私奉献的职业素养。

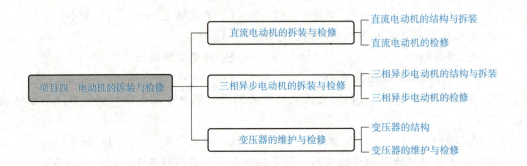

任务一 直流电动机的拆装与检修

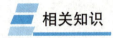 **任务描述**

现有一台出现故障的 Z3-42 型直流电动机，要求维修这台电动机。

❋ **子任务一 直流电动机的结构与拆装**

相关知识

一、直流电动机的结构

直流电动机主要由定子(固定不动)与转子(旋转)两大部分组成，定子与转子之间有一个较小的空气间隙(简称"气隙")。直流电动机结构如图 4-1 所示。

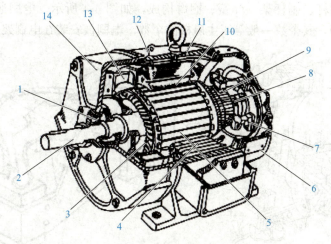

图 4-1　直流电动机的结构

1—轴承；2—轴；3—电枢绕组；4—换向极绕组；5—电枢铁芯；6—后端盖；7—刷杆座；

8—换向极；9—电刷；10—主磁极；11—机座；12—励磁绕组；13—风扇；14—前端盖

1. 定子部分

定子部分包括机座、主磁极、换向极、端盖、电刷等装置，主要用来产生磁场和起机械支撑作用。

(1)机座。机座既可以固定主磁极、换向极、端盖等，又是电动机磁路的一部分(称为磁轭)。机座一般用铸钢或厚钢板焊接而成，具有良好的导磁性能和机械强度。

(2)主磁极。主磁极的作用是产生气隙主磁场，它由主磁极铁芯和主磁极绕组(励磁绕组)构成。主磁极铁芯一般由 1.0～1.5 mm 厚的低碳钢板冲片叠压而成，包括极身和极靴两部分。极靴做成圆弧形，以使磁极下气隙磁通较均匀。极身外边套着励磁绕组，绕组中通入直流电流。整个磁极用螺钉固定在机座上。图 4-2 所示为直流电动机的电枢绕组。

(3)换向极。换向极用来改善换向，减少由于直流电动机换向而造成的换向火花。换向极由铁芯和套在铁芯上的绕组构成，如图 4-3 所示。铁芯一般用整块钢制成，如换向要求较高，则用 1.0～1.5 mm 厚的钢板叠压而成；因其绕组中流过的是电枢电流，故绕组多用扁平铜线绕制而成。换向极装在相邻两主磁极之间，用螺钉固定在机座上。

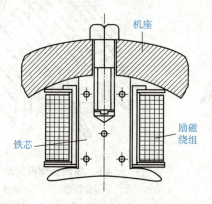

图 4-2　直流电动机的电枢绕组

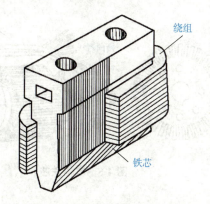

图 4-3　直流电动机的换向绕组

(4)电刷装置。电刷与换向极配合可以把转动的电枢绕组和外电路连接起来。电刷装置由电刷、刷握、刷杆、刷杆架、弹簧、铜辫构成，如图 4-4 所示。电刷通常采用碳刷、石墨刷和金属石墨刷，其个数一般等于主磁极的个数。电刷被安装在电刷架上。

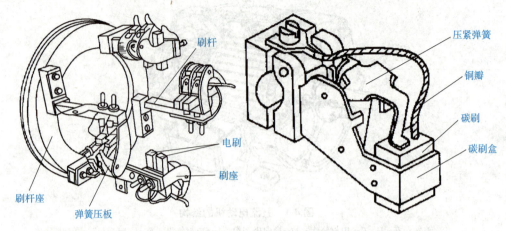

图 4-4　直流电动机的电刷装置

2. 转子部分

转子部分包括电枢铁芯、电枢绕组、换向器、转轴、风扇等部件，其主要作用是产生感应电动势和电磁转矩。

（1）电枢铁芯。电枢铁芯除了用来嵌放电枢绕组外，还是电动机磁路的一部分。为嵌放电枢绕组，电枢铁芯的外圆周开槽；为了减少涡流损耗，电枢铁芯一般用 0.5 mm 厚、两边涂有绝缘漆的硅钢片叠压而成；为加强冷却，当铁芯较长时，可把电枢铁芯沿轴向分成数段，段与段之间留有通风孔，如图 4-5 所示。电枢铁芯固定在转轴或电枢支架上。

（2）电枢绕组。电枢绕组是产生感应电动势和电磁转矩的关键部件。电枢绕组通常用绝缘导线绕成多个形状相同的线圈，按一定规律连接而成。它的一条有效边（因切割磁力线而感应电动势的有效部分）嵌入某个铁芯槽的上层，另一条有效边则嵌入另一铁芯槽的下层，两个引出端分别按一定的规律焊接到换向片上，如图 4-6 所示。

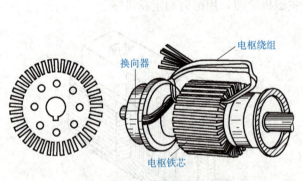

图 4-5　电枢铁芯

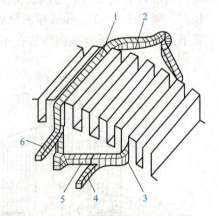

图 4-6　线圈在槽内安放示意

1—上层有效边；2，5—端接部分；

3—下层有效边；4—线圈尾端；

6—线圈首端

电枢绕组线圈间的连接方法根据连接规律的不同，分为叠绕组、波绕组和混合绕组等。其中单叠绕组、单波绕组的连接如图 4-7(a)、(b)所示。

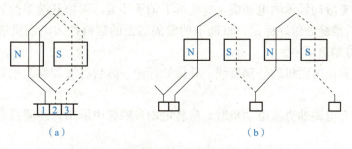

（a）　　　　　　　　　　　　　（b）

图 4-7　单叠绕组、单波绕组的连接

(a)单叠绕组；(b)单波绕组

（3）换向器。换向器又称为整流子，通过与电刷滑动接触，将加于电刷之间的直流电流变成绕组内部方向可变的电流，以形成固定方向的电磁转矩。换向器由多个片间相互绝缘的换向片组合而成，电枢绕组每个线圈的两端分别接至两个换向片上，如图 4-8 所示。换向器固定在转轴的一端。

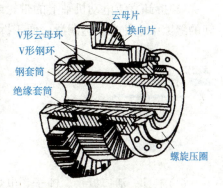

图 4-8　换向器

二、直流电动机的拆卸步骤

直流电动机的拆卸步骤如下：

（1）拆除电动机的接线。

（2）拆除换向器的端盖螺钉、轴承盖螺钉，并取下轴承外盖。

（3）打开端盖的通风窗，从刷握中取出电刷，再拆下接到刷杆上的连接线。

（4）拆卸换向器的端盖时，在端盖边缘处垫上木楔，用铁锤沿端盖的边缘均匀敲击，逐步使端盖止口脱离机座及轴承外圈，取出刷架。

（5）将换向器包好，避免弄脏、碰伤。

（6）拆除轴伸出端的端盖螺钉，将连同端盖的电枢从定子内小心地抽出，以免擦伤绕组。

（7）将连同端盖的电枢放在木架上并包好，拆除轴承端的轴承盖螺钉，取下轴承外盖及端盖，如轴承未损坏可不拆卸。

三、直流电动机的装配步骤

（1）拆卸完成后，对轴承等零件进行清洗，并经质量检查合格后，涂注润滑脂待用。

（2）直流电动机的装配与拆卸步骤相反。

四、直流电动机拆装的 5 个注意事项

根据直流电动机原理对电动机进行拆装，直流电动机的工作原理是把电枢线圈中感应

的交变电动势，靠换向器配合电刷的换向作用，使之从电刷端引出时变为直流电动势。然而拆装直流电动机的时候有 5 个注意事项，具体如下：

（1）对于装有滚动轴承的电动机，应先拆下轴承外盖，再松开端盖的紧固螺钉，并在端盖与机座外壳的接缝处做好标记，将卸下的紧固端盖的螺钉拧入电动机端盖上专门设置的两个螺孔中，将端盖顶出。

（2）先拆下直流电动机的外部接线，并做好标记。然后将底脚螺钉松开，把电动机与传动机械分开。

（3）拆卸带有电刷的直流电动机时，应将电刷自刷握中取出，还要将电刷中性线的位置做上标记。

（4）抽出转子时，必须注意不要碰伤定子线圈，转子重量不大的，可以用手抽出；重量较大的，就应该用起重设备来吊出。

（5）拆卸直流电动机轴上的带轮或联轴器，有时需要先加一些煤油在带轮的电动机轴之间的缝隙中，使之渗透润滑，便于拆卸。

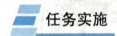 **任务实施**

一、拆卸前准备

（1）工具。活口扳手、锤子、电烙铁、拉码（拔轮器）、常用电工工具等。
（2）仪表。电流表、电压表、兆欧表、耐压测试仪、电桥、滑线电阻等。
（3）器材。Z3-42 型直流电动机。

二、实施步骤

1. 拆卸前的准备
（1）查阅并记录被拆电动机的型号、主要技术参数。
（2）在刷架处、端盖与机座配合处等做好标记，以便于装配。

2. 拆卸步骤
（1）拆除电动机的所有外部接线，并做好标记。
（2）拆卸带轮或联轴器。
（3）拆除换向器端的端盖螺栓和轴承盖螺栓，并取下轴承外盖。
（4）打开端盖的通风窗，从刷握中取出电刷，再拆下接到刷杆上的连接线。
（5）拆卸换向器端的端盖，取出刷架。
（6）用厚纸或布包好换向器，以保持换向器清洁及不被碰伤。
（7）拆除轴伸端的端盖螺栓，把电枢和端盖从定子内小心地取出或吊出，并放在木架上，以免擦伤电枢绕组。
（8）拆除轴伸端的轴承盖螺栓，取下轴承外盖及端盖。如轴承已损坏或需清洗，还应拆卸轴承，如轴承无损坏则不必拆卸。

3. 填表

(1)将直流电动机的型号参数(铭牌)填入表中(表 4-1)。

表 4-1　数据记录表

型号：		励磁方式：	
容量：	kW	励磁电压：	V
电压：	V	定额：	
电流：	A	绝缘等级：	
转速：	r/min	质量：	kg
技术条件：		出厂日期：	
出厂编号：		励磁电流：	A

(2)写出拆卸步骤(表 4-2)。

表 4-2　拆卸步骤

步骤	零件名称	步骤	零件名称
1		7	
2		8	
3		9	
4		10	
5		11	
6		12	

(3)学习评价(表 4-3)。

表 4-3　学习评价表

项目	总分	评分细则	得分
拆装前准备	10	1. 考核前，所需工具、仪器及材料未准备好，扣1～3分； 2. 外壳的清理未做好，扣1～3分	
拆卸	30	1. 拆卸方法和步骤不正确，每次扣2分； 2. 碰伤绕组，扣2～6分； 3. 损坏零件，每次扣2分； 4. 装配标记不清楚，每处扣2分	
装配	30	1. 装配步骤方法错误，每次扣2分； 2. 碰伤绕组，扣2～6分； 3. 损坏零件，每次扣2分； 4. 轴承清洗不干净，加润滑油不适量，每只扣3分； 5. 紧固螺钉未紧固，每只扣1分； 6. 装配后转动不灵活，扣2～5分	
通电试车	10	装配后转动不灵活，扣2～5分	
安全文明生产	20	1. 工具摆放不整齐，每违反一次扣10分； 2. 未清理现场，每违反一次扣10分	
合计			

❋ 子任务二　直流电动机的检修

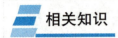

一、直流电动机使用前的检查

(1)用压缩空气或手动吹风机吹净电动机内部灰尘、电刷粉末等，清除污垢杂物。

(2)拆除与电动机连接的一切接线，用绝缘电阻表测量绕组对机座的绝缘电阻。若小于0.5 MΩ时，应进行烘干处理，测量合格后再将拆除的接线恢复。

(3)检查换向器的表面是否光洁，如发现有机械损伤或火花灼痕应进行必要的处理。

(4)检查电刷是否严重损坏，刷架的压力是否适当，刷架的位置是否位于标记的位置。

(5)根据电动机铭牌检查直流电动机各绕组之间的接线方式是否正确，电动机额定电压与电源电压是否相符，电动机的启动设备是否符合要求，是否完好无损。

二、直流电动机的使用

(1)直流电动机在直接启动时因启动电流很大，这将对电源及电动机本身带来极大的影响。因此，除功率很小的直流电动机可以直接启动外，一般的直流电动机都要采取减压措施来限制启动电流。

(2)当直流电动机采用减压启动时，要掌握好启动过程所需的时间，不能启动过快，也不能过慢，并确保启动电流不能过大(一般为额定电流的1～2倍)。

(3)在电动机启动时就应做好相应的停车准备，一旦出现意外情况时应立即切除电源，并查找故障原因。

(4)在直流电动机运行时，应观察电动机转速是否正常；有无噪声、振动等；有无冒烟或发出焦臭味等现象，如有应立即停机查找原因。

(5)注意观察直流电动机运行时电刷与换向器表面的火花情况。在额定负载工况下，一般直流电动机只允许有不超过 $1\frac{1}{2}$ 级的火花。

(6)串励电动机在使用时，应注意不允许空载启动，不允许用带轮或链条传动；并励或他励电动机在使用时，应注意励磁回路绝对不允许开路，否则都可能因电动机转速过高而导致严重后果的发生。

三、直流电动机的维护

应保持直流电动机的清洁，尽量防止灰砂、雨水、油污、杂物等进入电动机内部。

直流电动机结构及运行过程中存在的薄弱环节是电刷与换向器部分，因此必须特别注意对它们的维护和保养。

1. 换向器的维护和保养

换向器表面应保持光洁，不得有机械损伤和火花灼痕。如有轻微灼痕时，可用0号砂纸在低速旋转的换向器表面仔细研磨。如换向器表面出现严重的灼痕或粗糙不平、表面不圆或有局部凸凹等现象时，则应拆下重新进行车削加工。车削完毕后，应将片间云母槽中的云母片下刻 1 mm 左右，并清除换向器表面的金属屑及毛刺等，最后用压缩空气将整个电枢表面吹扫干净，再进行装配。

换向器在负载作用下长期运行后，表面会产生一层坚硬的深褐色薄膜，这层薄膜能够保护换向器表面不受磨损，因此要保护好这层薄膜。

2. 电刷的使用

电刷与换向器表面应有良好的接触，正常的电刷压力为 15～25 kPa，可用弹簧秤进行测量。电刷与刷盒的配合不宜过紧，应留有少量的间隙。

电刷磨损或碎裂时，应更换牌号、尺寸规格都相同的电刷，新电刷装配好后应研磨光滑，保证与换向器表面有 80% 左右的接触面。

四、直流电动机的常见故障及检修

1. 直流电动机的常见故障及排除

直流电动机的常见故障及排除见表 4-4。

表 4-4　直流电动机的常见故障及排除方法

故障现象	可能原因	排除方法
不能启动	①电源无电压； ②励磁回路断开； ③电刷回路断开； ④有电源但电动机不能转动	①检查电源及熔断器； ②检查励磁绕组及启动器； ③检查电枢绕组及电刷换向器接触情况； ④负载过重或电枢被卡死或启动设备不合要求，应分别进行检查
转速不正常	①转速过高； ②转速过低	①检查电源电压是否过高，主磁场是否过弱，电动机负载是否过轻； ②检查电枢绕组是否有断路、短路、接地等故障；检查电刷压力及电刷位置；检查电源电压是否过低及负载是否过重；检查励磁绕组回路是否正常
电刷火花过大	①电刷不在中性线上； ②电刷压力不当或与换向器接触不良或电刷磨损或电刷牌号不对； ③换向器表面不光滑或云母片凸出； ④电动机过载或电源电压过高； ⑤电枢绕组或磁极绕组或换向极绕组故障； ⑥转子动平衡未校正好	①调整刷杆位置； ②调整电刷压力、研磨电刷与换向器接触面、淘换电刷； ③研磨换向器表面、下刻云母槽； ④降低电动机负载及电源电压； ⑤分别检查原因； ⑥重新校正转子动平衡
过热或冒烟	①电动机长期过载； ②电源电压过高或过低； ③电枢、磁极、换向极绕组故障； ④启动或正、反转过于频繁	①更换功率较大的电动机； ②检查电源电压； ③分别检查原因； ④避免不必要的正、反转
机座带电	①各绕组绝缘电阻太低； ②出线端与机座相接触； ③各绕组绝缘损坏造成对地短路	①烘干或重新浸漆； ②修复出线端绝缘； ③修复绝缘损坏处

直流电动机的绕组分为定子绕组(包括励磁绕组、换向极绕组、补偿绕组)和电枢绕组。定子绕组发生的故障主要有绕组过热、匝间短路、接地及绝缘电阻下降等;电枢绕组故障主要有短路、断路和接地。换向器故障主要有片间短路、接地、换向片凹凸不平及云母片凸出等。

2. 定子绕组的故障及修理

(1)励磁绕组过热。

①故障现象。绕组变色、有焦化气味、冒烟。

②可能原因。励磁绕组通风散热条件严重恶化、电动机长时间过励磁。

③检查处理方法。通过肉眼观察或用兆欧表测量,改善通风条件、降低励磁电流。

(2)励磁绕组匝间短路。

①故障现象。当直流电动机的励磁绕组匝间出现短路故障时,虽然励磁电压不变,但励磁电流增加;或保持励磁电流不变时,电动机出现转矩降低、空载转速升高等现象;或励磁绕组局部发热;或出现部分刷架换向火花加大或单边磁拉力,严重时使电动机产生振动。

②可能原因。制造时存在缺陷(如"S"弯处过渡绝缘处理不好,层间绝缘被铜毛刺挤破,经过一段时间的运行,问题逐步显现)、电动机在运行维护和修理过程中受到碰撞,使得导线绝缘受到损伤而形成匝间短路。

③检查处理方法。励磁绕组匝间短路常用交流压降法检查。

把工频交流电通过调压器加到励磁绕组两端,然后用交流电压表分别测量每个磁极励磁绕组上的交流压降,若各磁极上交流电压相等,则表示绕组无短路现象;若某一磁极的交流压降比其余磁极都小,则说明这个磁极上的励磁绕组存在匝间短路,通电时间稍长时,这个绕组将明显发热,如图4-9所示。

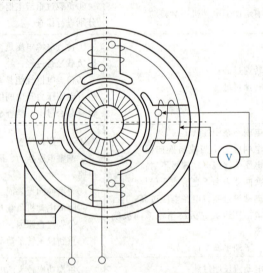

图4-9 交流压降法检查励磁绕组匝间短路

(3)定子绕组接地。

①故障现象。当定子绕组出现接地故障时,会引起接地保护动作和报警,如果两点接地,还会使得绕组局部烧毁。

②可能原因。线圈、铁芯或补偿绕组槽口存在毛刺,或绕组固定不好,在电动机负载

运行时绕组发生移位使得绝缘磨损而接地。

③检查处理方法。先用兆欧表测量，后用万用表核对，以区别绕组是绝缘受潮还是绕组确实接地，可分为以下几种情况：

a. 绝缘电阻为零，但用万用表测量还有指示，说明绕组绝缘没有击穿，采用清扫吹风办法，有可能使绝缘电阻上升。

b. 绝缘电阻为零，改用万用表测量也为零，说明绕组已接地，可将绕组连接拆开，分别测量每个磁极绕组的绝缘电阻，以确定存在接地故障的绕组并烘干处理。

c. 所有磁极绕组的绝缘电阻均为零，虽然拆开连接线，测量结果绝缘电阻均较低，如果绕组经清扫后，绝缘材质没有老化，可采用中性洗涤剂清洗后烘干处理。

3. 电枢绕组的故障及修理

(1)电枢绕组短路。

①故障现象。电枢绕组烧毁。

②可能原因。绝缘损坏。

③检查处理方法。当电枢绕组由于短路故障而烧毁时，可通过观察找到故障点，也可将 6～12 V 的直流电源接到换向器两侧，用直流毫伏表逐片测量各相邻的两个换向片的电压值。如果读数很小或接近零，就表明接在这两个换向片上的线圈一定有短路故障存在；若读数为零，则多为换向器片间短路，如图 4-10 所示。

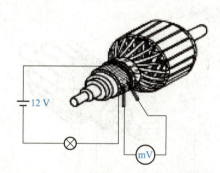

图 4-10　电枢绕组短路的检查

若电动机使用不久，绝缘并未老化，当一个或两个线圈有短路时，则可以切断短路线圈，在两个换向片上接以跨接线，继续使用；若短路线圈过多，则应重绕。

(2)电枢绕组断路。

①故障现象。运行中电刷下发生不正常的火花。

②可能原因。多数是由于换向片与导线接头片焊接不良，或个别线圈内部导线断线。

③检查处理方法。将毫伏表跨接在换向片上(直流电源的接法同前)，有断路的绕组所接换向片被毫伏表跨接时，将有读数指示，且指针剧烈跳动(要防止损坏表头)，但毫伏表跨接在完好的绕组所接的换向片上时，将无读数指示，如图 4-11 所示。

在叠绕组中，将有断路的绕组所接的两相邻换向片用跨接线连起来；在波绕组中，也可以用跨接线将有断路的绕组所接的两换向片接起来，但这两个换向片相隔一个极距，而不是相邻的两片。

(3)电枢绕组接地。

①故障现象。接地保护动作和报警，如果两点接地，还会使得绕组局部烧毁。

②可能原因。多数是由于槽绝缘及绕组元件绝缘损坏，导体与铁芯片碰接所致，也有换向器接地的情况，但并不多见。

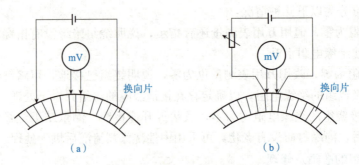

图4-11　电枢绕组断路的检查

(a)电源跨接在数片换向片两端；(b)电源直接接在相邻两个换向片上

③检查处理方法。将电枢取出搁在支架上，将电源线的一根串接一个灯泡接在换向片上，另一根接在轴上，如图4-12所示。若灯泡发亮，则说明此线圈接地。具体到哪一槽的线圈接地，可使用毫伏表测量，即将毫伏表一端接轴，另一端与换向片依次接触，若线圈完好，则指针摆动，若线圈接地，则指针不动。

要判明是线圈接地还是换向器接地，则需进一步检查，可将接地线圈的接线头从换向片上脱焊下来，分别测量就能确定。

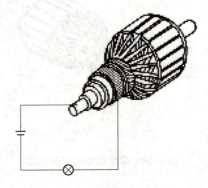

图4-12　电枢绕组接地的检查

4. 换向器的修理

(1)片间短路。

①故障现象。换向片间表面有火花灼烧伤痕。

②可能原因。金属屑、电刷粉末、腐蚀性物质及尘污等所致。

③检查处理方法。当用毫伏表找出电枢绕组短路处后，为了确定短路故障是发生在绕组内还是在换向片之间，需先将与换向片相连的绕组线头脱焊开，然后用万用表检查换向器片间是否短路。修理时，刮掉片间的金属屑、电刷粉末、腐蚀性物质及尘污等，再用云母粉末或者小块云母加上胶水填补孔洞使其干燥，若上述方法不能消除片间短路，则应拆开换向器，检查其内表面。

(2)接地。

①故障现象。云母片烧毁。

②可能原因。换向器接地经常发生在前面的云母环上，这个环有一部分露在外面，由于灰尘、油污和其他碎屑堆积在上面，很容易造成漏电接地故障。

③检查处理方法。先观察，再用万用表进一步确定故障点，修理时，把换向器上的紧固螺母松开，取下前面的端环，把因接地而烧毁的云母片刮去，换上同样尺寸和厚薄的新云母片，装好即可。

（3）换向片凹凸不平。

①故障现象。换向片凹凸不平，换向器松弛，电刷下产生火花，并发出"夹夹"的声音。

②可能原因。该故障主要是由于装配不良或过分受热所致。

③检查处理方法。松开端环，将凹凸的换向片校平，或加工车圆。

（4）云母片凸出。

①故障现象。云母片凸出。

②可能原因。换向片的磨损通常比云母快，就形成云母片凸出。

③检查处理方法。修理时，把凸出的云母片刮削到比换向片约低 1 mm，刮削要平整。

5. 电刷中性线位置的确定及电刷的研磨

（1）确定电刷中性线的位置。常用的是感应法，励磁绕组通过开关接到 1.5～3 V 的直流电源上，毫伏表连接到相邻两组电刷上（电刷与换向器的接触一定要良好）。当断开或闭合开关时（交替接通和断开励磁绕组的电流），毫伏表的指针会左右摆动，这时将电刷架顺电动机转向或逆电动机转向缓慢移动，直到毫伏表指针几乎不动为止，此时刷架的位置就是中性线所在的位置。

（2）电刷的研磨。电刷与换向器表面接触面积的大小将直接影响电刷下火花的等级，对新更换的电刷必须进行研磨，以保证其接触面积在 80％以上。研磨电刷的接触面时，一般采用 0 号砂布，砂布的宽度等于换向器的长度，砂布应能将整个换向器表面包住，再用橡皮胶布或胶带将砂布固定在换向器上，将待研磨的电刷放入刷握，然后按电动机旋转的方向转动电枢，即可进行研磨。

 **任务实施**

直流电动机的
维护与检修

一、准备

（1）工具。活口扳手、锤子、电烙铁、拉码、常用电工工具等。

（2）仪表。电流表、电压表、兆欧表、耐压测试仪、电桥、滑线电阻等。

（3）器材。Z3-42 型直流电动机。

二、实施步骤

1. 拆卸前的准备

（1）查阅并记录被拆电动机的型号、主要技术参数。

（2）在刷架处、端盖与机座配合处等做好标记，以便于装配。

2. 拆卸步骤

(1)拆除电动机的所有外部接线,并做好标记。

(2)拆卸带轮或联轴器。

(3)拆除换向器端的端盖螺栓和轴承盖螺栓,并取下轴承外盖。

(4)打开端盖的通风窗,从刷握中取出电刷,再拆下接到刷杆上的连接线。

(5)拆卸换向器端的端盖,取出刷架。

(6)用厚纸或布包好换向器,以保持换向器清洁及不被碰伤。

(7)拆除轴伸端的端盖螺栓,把电枢和端盖从定子内小心地取出或吊出,并放在木架上,以免擦伤电枢绕组。

(8)拆除轴伸端的轴承盖螺栓,取下轴承外盖及端盖。如轴承已损坏或需清洗,还应拆卸轴承,如轴承无损坏则不必拆卸。

3. 填表

(1)学生根据故障现象,在规定的时间内按照正确的检测步骤进行诊断,将故障现象以及排除方法填入表中(表4-5)。

表 4-5 故障现象记录表

序号	故障现象	故障排除
1		
2		
3		
4		
5		
6		

(2)学习评价(表4-6)。

表 4-6 学习评价表

项目	总分	评分细则	得分
故障现象	20	观察不出故障现象,每个扣10分	
故障分析	40	分析和判断故障范围,每个故障占20分; 故障范围判断不正确,每个扣10分	
故障排除	20	不能排除故障,每个扣20分	
安全文明生产	20	不能正确使用仪表,扣10分; 拆卸无关的元器件、导线端子,每次扣5分; 违反电气安全操作规程,扣5分	
合计			

任务二　三相异步电动机的拆装与检修

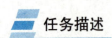 **任务描述**

现有一台出现故障的Y112M-2型三相异步电动机,要求维修这台电动机。

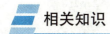

✱ 子任务一 三相异步电动机的结构与拆装

相关知识

三相异步电动机之所以能转动，是因为在三相对称绕组中通入三相对称交流电将产生一个旋转磁场，由这个旋转磁场借感应作用在转子绕组内产生感应电流，由旋转磁场与转子感应电流相互作用产生电磁转矩而使电动机旋转。

一、三相异步电动机的结构

三相笼型异步电动机主要由静止的定子和转动的转子两大部分组成，定子与转子之间有气隙，其结构如图 4-13 所示。

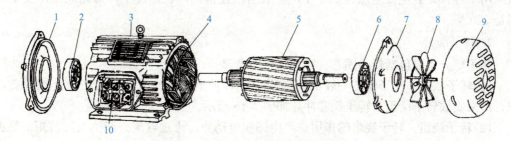

图 4-13 三相笼型异步电动机的结构
1—前端盖；2—前轴承；3—机座；4—定子绕组；5—转子；6—后轴承；7—后端盖；
8—风扇；9—风扇罩；10—接线盒

1. 定子部分

定子部分主要包括定子铁芯、定子绕组和机座三大部分。

（1）定子铁芯。定子铁芯装在机座内，由片间相互绝缘、内圆上冲有均匀分布槽口的硅钢片叠压而成，用于嵌放三相绕组，如图 4-14 所示。

（2）定子绕组。三相对称定子绕组在空间互成 120°电角度，依次嵌放在定子铁芯内圆槽，每相绕组由多匝绝缘导线绕制的线圈按一定规律连接而成，用于建立旋转磁场。

三相定子绕组共有 6 个接线端子，首端分别用 U_1、V_1、W_1 表示，尾端对应用 U_2、V_2、W_2 表示。绕组可以连接成星形（Y），也可连接成三角形（△），如图 4-15 所示。

①Y 形连接。这种连接方式是将每相绕组的末端（U_2、V_2、W_2）短接，每相绕组的首端（U_1、V_1、W_1）分别接三相交流电源，若三相交流电源线电压是 380 V，则每相绕组承受的电压是 220 V，如图 4-15（a）所示。

②△形连接。这种连接方式是将一相绕组的末端与另一相绕组的首端相连接（如：U_2—

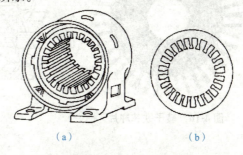

图 4-14 三相异步电动机定子铁芯及冲片
(a)电动机定子铁芯；(b)定子铁芯冲片

V_1、V_2-W_1、W_2-U_1），三相绕组的首端（U_1、V_1、W_1）分别接三相交流电源，若三相交流电源线电压是 380 V，则每相绕组承受的电压也是 380 V，如图 4-15(b)所示。

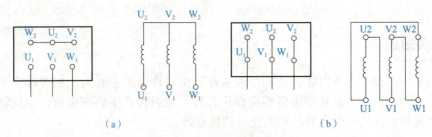

（a）   （b）

图 4-15　三相定子绕组的连接方式

(a)星形连接；(b)三角形连接

具体采用哪种接线方式取决于每相绕组能承受的电压设计值。例如：一台铭牌上标有额定电压为 380/220 V，连接方式为 Y/△ 的三相异步电动机，表明若电源电压为 380 V，应采用 Y 连接；若电源电压为 220 V，应采用△连接。两种情况下，每相绕组承受的电压都是 220 V。

2. 转子部分

转子部分主要包括转子铁芯、转子绕组两大部分。

(1)转子铁芯。转子铁芯一般都直接固定在转轴上，由冲有转子槽型的硅钢片叠压而成，用来安放转子绕组。转子铁芯冲片如图 4-16 所示。

(2)转子绕组。转子绕组的作用是产生感应电动势、流过电流并产生电磁转矩。笼型转子绕组有两种：一种是在转子铁芯的每一个槽内插入一铜条，在铜条两端各用一个铜环把所有的导条连接起来，形成一个自行闭合的短路绕组(铜条转子)；另一种是用铸铝的方法，用熔铝浇铸而成短路绕组，即将导条、端环和风扇叶片一次铸成，形成铸铝转子。如果去掉铁芯，剩下来的绕组形状就像一个鼠笼子，故称为笼型绕组，如图 4-17 所示。

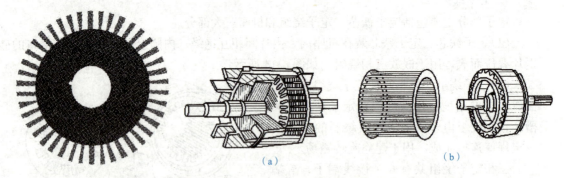

（a）   （b）

图 4-16　转子铁芯冲片　　　　　**图 4-17　三相笼型异步电动机的转子绕组**

(a)铸铝转子；(b)铜条转子

3. 气隙

气隙的大小对异步电动机的性能、运行可靠性影响较大。气隙过大，电动机的功率因数 $\cos\varphi$ 变低，使电动机的性能变坏；气隙过小，容易使运行中的转子与定子碰擦而发生"扫膛"故障，给启动带来困难，从而降低了运行的可靠性，同时也给装配带来困难。

中小型异步电动机的气隙一般为 0.2～1.5 mm。

二、三相异步电动机的拆卸步骤

在拆卸三相异步电动机前应在端盖与机座的连接处、刷架等处做好明显的标记，以便于装配。拆卸步骤如下：

(1)拆除三相异步电动机接线盒内的连接线。

(2)拆下换向器端盖(后端盖)上通风窗的螺栓，打开通风窗，从刷握中取出电刷，拆下接到刷杆上的连接线。

(3)拆下换向器端盖的螺栓、轴承盖螺栓，并取下轴承外盖。

(4)拆卸换向器端盖。拆卸时在端盖下方垫上木板等软材料，以免端盖落下时碰裂，用手锤通过铜棒沿端盖四周边缘均匀地敲击。

(5)拆下轴伸端端盖(前端盖)的螺栓，把连同端盖的电枢从定子内小心地抽出来，注意不要碰伤电枢绕组、换向器及磁极绕组，并用厚纸或布将换向器包好，用绳子扎紧。

(6)拆下前端盖上的轴承盖螺栓，并取下轴承外盖。

(7)将连同前端盖在内的电枢放在木架上或木板上，并用纸或布包好。

直流电动机维护或修复后的装配顺序与拆卸顺序相反，并要按所做标记校正电刷的位置。

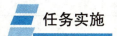 任务实施

一、准备

(1)工具。槽楔、老虎钳、绕线机、活动线模、蜡线、嵌线板、压线板、裁纸刀、剪刀、活口扳手、常用电工工具等。

(2)仪表。兆欧表、万用表。

(3)器材。Y112M-2 型三相异步电动机、覆膜绝缘纸、砂纸。

二、拆卸实施步骤

1. 拆卸前的准备

(1)查阅并记录被拆电动机的型号、主要技术参数。

(2)在刷架处、端盖与机座配合处等做好标记，以便于装配。

2. 拆卸步骤

按照图 4-18 顺序拆解电动机。

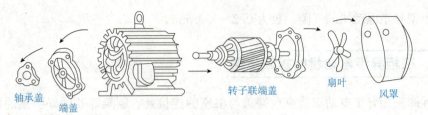

轴承盖　端盖　　　　　　　　　　　　　转子联端盖　扇叶　　风罩

图 4-18　电动机拆开顺序

3. 注意事项

在拆解过程中要保护电动机定子绕组的绝缘，小心轻放各元件。

4. 填表

(1)将三相异步电动机的型号参数(铭牌)填入表中(表 4-7)。

表 4-7　参数记录表

型号：		转速：	r/min
容量：	kW	绝缘等级：	
额定电压：	V	质量：	kg
电流：	A	出厂日期：	

(2)写出拆卸步骤(表 4-8)。

表 4-8　拆卸步骤

步骤	零件名称	步骤	零件名称
1		7	
2		8	
3		9	
4		10	
5		11	
6		12	

(3)学习评价(表 4-9)。

表 4-9　学习评价表

项目	总分	评分细则	得分
拆装前准备	10	1. 考核前，所需工具、仪器及材料未准备好，扣 1~3 分； 2. 外壳的清理未做好，扣 1~3 分	
拆卸	30	1. 拆卸方法和步骤不正确，每次扣 2 分； 2. 碰伤绕组，扣 2~6 分； 3. 损坏零件，每次扣 2 分； 4. 装配标记不清楚，每处扣 2 分	
装配	30	1. 装配步骤方法错误，每次扣 2 分； 2. 碰伤绕组，扣 2~6 分； 3. 损坏零件，每次扣 2 分； 4. 轴承清洗不干净，加润滑油不适量，每只扣 3 分； 5. 紧固螺钉未紧固，每只扣 1 分； 6. 装配后转动不灵活，扣 2~5 分	

项目	总分	评分细则	得分
通电试车	10	装配后转动不灵活，扣 2～5 分	
安全文明生产	20	1. 工具摆放不整齐，每违反一次扣 10 分； 2. 未清理现场，每违反一次扣 10 分	
合计			

❈ 子任务二　三相异步电动机的检修

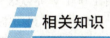 相关知识

三相异步电动机定子绕组是产生旋转磁场的部分。受到腐蚀性气体的侵入，机械力和电磁力的冲击，以及绝缘的老化、受潮等原因，都会影响异步电动机的正常运行。另外，异步电动机在运行中长期过载、过电压、欠电压、断相等，也会引起定子绕组故障。定子绕组的故障是多种多样的，其产生的原因也各不相同。常见的故障有以下几种，应针对不同故障采取不同的检修方法。

一、定子绕组接地故障的检修

三相异步电动机的绝缘电阻较低，虽经加热烘干处理，绝缘电阻仍很低，经检测发现定子绕组已与定子铁芯短接，即绕组接地，绕组接地后会使电动机的机壳带电，绕组过热，从而导致短路，造成电动机不能正常工作。

1. 定子绕组接地的原因

（1）绕组受潮。长期备用的电动机，经常由于受潮而使绝缘电阻值降低，甚至失去绝缘作用。

（2）绝缘老化。电动机长期过载运行，导致绕组及引线的绝缘热老化，降低或丧失绝缘强度而引起电击穿，导致绕组接地。绝缘老化现象为绝缘发黑、枯焦、酥脆、皲裂、剥落。

（3）绕组制造工艺不良，以致绕组绝缘性能下降。

（4）绕组线圈重绕后，在嵌放绕组时操作不当而损伤绝缘，线圈在槽内松动，端部绑扎不牢，冷却介质中尘粒过多，使电动机在运行中线圈发生振动、摩擦及局部位移而损坏主绝缘，或槽绝缘移位，造成导线与铁芯相碰。

（5）铁芯硅钢片凸出，或有尖刺等损坏了绕组绝缘。或定子铁芯与转子相擦，使铁芯过热，烧毁槽楔或槽绝缘。

（6）绕组端部过长，与端盖相碰。

（7）引线绝缘损坏，与机壳相碰。

（8）电动机受雷击或电力系统过电压而使绕组绝缘击穿损坏等。

（9）槽内或线圈上附有铁磁物质，在交变磁通作用下产生振动，将绝缘磨穿。若铁磁

物质较大，则易产生涡流，引起绝缘的局部热损坏。

2. 定子绕组接地故障的检查

检查定子绕组接地故障的方法很多，无论使用哪种方法，在具体检查时首先应将各相绕组接线端的连接片拆开，然后分别逐相检查是否有接地故障。找出有接地故障的绕组后，再拆开该相绕组的极相组连线的接头，确定接地的极相组。最后拆开该极相组中各线圈的连接头，确定存在接地故障的线圈。常用的检查绕组接地的方法有以下几种。

(1)观察法。绕组接地故障经常发生在绕组端部或铁芯槽口部分，而且绝缘常有破裂和烧焦发黑的痕迹。因而当电动机拆开后，可先在这些地方寻找接地处。如果引出线和这些地方没有接地的迹象，则接地点可能在槽里。

(2)兆欧表检查法。用兆欧表检查时，应根据被测电动机的额定电压来选择兆欧表的等级。500 V 以下的低压电动机，选用 500 V 兆欧表；3 kV 的电动机采用 1 000 V 兆欧表；6 kV 以上的电动机应选用 2 500 V 兆欧表。测量时，兆欧表的一端接电动机绕组，另一端接电动机机壳。按 120 r/min 的速度摇动摇柄，若指针指向零，表示绕组接地；若指针摇摆不定，说明绝缘已被击穿；如果绝缘电阻在 0.5 MΩ 以上，则说明电动机绝缘正常。

(3)万用表检查法。检测时，先将三相绕组之间的连接线拆开，使各相绕组互不接通。然后将万用表的量程旋到 $R \times 10$ kΩ 挡位上，将一只表笔碰触在机壳上，另一只表笔分别碰触三相绕组的接线端。若测得的电阻较大，则表明没有接地故障；若测得的电阻很小或为零，则表明该相绕组有接地故障。

(4)校验灯检查法。将绕组的各相接头拆开，用一只 40～100 W 的灯泡串接于 220 V 火线与绕组之间。一端接机壳，另一端依次接三相绕组的接头。若校验灯亮，表示绕组接地；若校验灯微亮，说明绕组绝缘性能变差或漏电。

(5)冒烟法。在电动机的定子铁芯与线圈之间加一低电压，并用调压器来调节电压，逐渐升高电压后接地点会很快发热，使绝缘烧焦并冒烟，此时应立即切断电源，在接地处做好标记。采用此法时应掌握通入电流的大小。一般小型电动机不超过额定电流的 2 倍，时间不超过 0.5 min；对于容量较大的电动机，则应通入额定电流的 20%～50%，或者逐渐增大电流直至接地处冒烟为止。

(6)电流定向法。将有故障一相绕组的两个头接起来，例如将 U 相首末端并联加直流电压。电源可用 6～12 V 蓄电池，串联电流表和可调电阻。调节可调电阻，使电路中电流为 20%～40%额定电流。则故障槽内的电流流向接地点。此时若用小磁针在被测绕组的槽口移动，观察小磁针的方向变化，可确定故障的槽号，再从找到的槽号上、下移动小磁针，观察磁针的变化，则可找到故障的位置。

(7)分段淘汰法。如果接地点位置不易发现时，可采用此法进行检查。首先应确定有接地故障的相绕组，然后在极相组的连接线中间位置剪断或拆开，使该相绕组分成两半，然后用万用表、兆欧表或校验灯等进行检查。电阻为零或校验灯亮的一般有接地故障存在。接着把接地故障这部分的绕组分成两部分，以此类推分段淘汰，逐步缩小检查范围，最后就可找到接地的线圈。

实践证明，电动机的接地点绝大部分发生在线圈伸出铁芯端部槽口的位置上。如该处的接地不严重，可先加热软化后，用竹片或绝缘材料插入线圈与铁芯之间，然后检查。如不接地，则将线圈包扎好，涂上绝缘漆烘干即可。如绕组接地发生在两头碰触端盖，则可用绝缘物衬在端盖上，接地故障便可以排除。

3. 定子绕组接地故障的检修

只要绕组接地的故障程度较轻，又便于查找和修理时，都可以进行局部修理。

（1）接地点在槽口。当接地点在端部槽口附近且又没有严重损伤时，则可按下述步骤进行修理：

①在接地的绕组中，通入低压电流加热，在绝缘软化后打出槽楔。

②用画线板把槽口的接地点撬开，使导线与铁芯之间产生间隙，再将与电动机绝缘等级相同的绝缘材料剪成适当的尺寸，插入接地点的导线与铁芯之间，再用小木槌将其轻轻打入。

③在接地位置垫放绝缘以后，再将绝缘纸对折起来，最后打入槽楔。

（2）槽内线圈上层边接地可按下述步骤检修：

①在接地的线圈中通入低压电流加热，待绝缘软化后，再打出槽楔。

②用画线板将槽机绝缘分开，在接地的一侧，按线圈排列的顺序，从槽内翻出一半线圈。

③使用与电动机绝缘等级相同的绝缘材料，垫放在槽内接地的位置。

④按线圈排列顺序，把翻出槽外的线圈再嵌入槽内。

⑤滴入绝缘漆，并通入低压电流加热、烘干。

⑥将槽绝缘对折起来，放上对折的绝缘纸，再打入槽楔。

（3）槽内线圈下层边接地可按下述步骤检修：

①在线圈内通入低压电流加热。待绝缘软化后，即撬动接地点，使导线与铁芯之间产生间隙，然后清理接地点，并垫进绝缘。

②用校验灯或兆欧表等检查故障是否消除。如果接地故障已消除，则按线圈排列顺序将下层边的线圈整理好，再垫放层间绝缘，然后嵌进上层线圈。

③滴入绝缘漆，并通入低压电流加热、烘干。

④将槽绝缘对折起来，放上对折的绝缘纸，再打入槽楔。

（4）绕组端部接地可按下述步骤检修：

①把损坏的绝缘刮掉并清理干净。

②将电动机定子放入烘房进行加热，使其绝缘软化。

③用硬木做成的打板对绕组端部进行整形处理。整形时，用力要适当，以免损坏绕组的绝缘。

④对于损坏的绕组绝缘，应重新包扎同等级的绝缘材料，并涂刷绝缘漆，然后进行烘干处理。

二、定子绕组短路故障的检修

定子绕组短路是异步电动机中经常发生的故障。绕组短路可分为匝间短路和相间短路，其中相间短路包括相邻线圈短路、极相组之间短路和两相绕组之间的短路；匝间短路是指线圈中串联的两个线匝因绝缘层破裂而短路。相间短路是由于相邻线圈之间绝缘层损坏而短路、一个极相组的两根引线被短接，以及三相绕组的两相之间因绝缘损坏而造成的短路。

绕组短路严重时，负载情况下电动机根本不能启动。短路匝数少，电动机虽能启动，但电流较大且三相不平衡，导致电磁转矩不平衡，使电动机产生振动，发出"嗡嗡"响声，短路匝中流过很大电流，使绕组迅速发热、冒烟并发出焦臭味甚至烧坏。

1. 定子绕组短路的原因

（1）修理时嵌线操作不熟练，造成绝缘损伤，或在焊接引线时烙铁温度过高、焊接时间过长而烫坏线圈的绝缘。

（2）绕组因年久失修而使绝缘老化，或绕组受潮，未经烘干便直接运行，导致绝缘击穿。

（3）电动机长期过载，绕组中电流过大，使绝缘老化变脆，绝缘性能降低而失去绝缘作用。

（4）定子绕组线圈之间的连接线或引线绝缘不良。

（5）绕组重绕时，绕组端部或双层绕组槽内的相间绝缘没有垫好或被击穿损坏。

（6）由于轴承磨损严重，使定子和转子铁芯相摩擦产生高热，而使定子绕组绝缘烧坏。

（7）雷击、连续启动次数过多或过电压击穿绝缘。

2. 定子绕组短路故障的检查

定子绕组短路故障的检查方法有以下几种。

（1）观察法。观察定子绕组有无烧焦绝缘或有无浓厚的焦味，可判断绕组有无短路故障。也可让电动机运转几分钟后，切断电源停车之后，立即将电动机端盖打开，取出转子，用手触摸绕组的端部，感觉温度较高的部位即是短路线匝的位置。

（2）万用表（兆欧表）法。将三相绕组的头尾全部拆开，用万用表或兆欧表测量两相绕组间的绝缘电阻，其阻值为零或很低，即表明两相绕组有短路。

（3）直流电阻法。当绕组短路情况比较严重时，可用电桥测量各相绕组的直流电阻，电阻较小的绕组即为短路绕组（一般阻值偏差不超过 5% 可视为正常）。若电动机绕组为三角形接法，应拆开一个连接点再进行测量。

（4）电压法。将一相绕组的各极相组连接线的绝缘套管剥开，在该相绕组的出线端通入 50～100 V 低压交流电或 12～36 V 直流电，然后测量各极相组的电压降，读数较小的即为短路绕组。为进一步确定是哪一只线圈短路，可将低压电源改接在极相组的两端，再在电压表上连接两根套有绝缘的插针，分别刺入每只线圈的两端，其中测得的电压最低的线圈就是短路线圈。

（5）电流平衡法。电源变压器可用 36 V 变压器或交流电焊机。每相绕组串接一只电流表，通电后记下电流表的读数，电流过大的一相即存在短路。

（6）短路侦察器法。短路侦察器是一个开口变压器，它与定子铁芯接触的部分做成与定子铁芯相同的弧形，宽度也做成与定子齿距相同。

取出电动机的转子，将短路侦察器的开口部分放在定子铁芯中所要检查的线圈边的槽口上，给短路侦察器通入交流电，这时短路侦查器的铁芯与被测定子铁芯构成磁回路，而组成一个变压器，短路侦察器的线圈相当于变压器的一次线圈，定子铁芯槽内的线圈相当于变压器的二次线圈。如果短路侦察器是处在短路绕组，则形成类似一个短路的变压器，这时串接在短路侦察器线圈中的电流表将显示出较大的电流值。用这种方法沿着被测电动机的定子铁芯内圆逐槽检查，找出电流最大的那个线圈就是短路的线圈。

如果没有电流表，也可用约 0.6 mm 厚的钢锯条片放在被测线圈的另一个槽口，若有短路，则这片钢锯条就会产生振动，说明这个线圈就是故障线圈。对于多路并联的绕组，必须将各个并联支路打开，才能采用短路侦察器进行测量。

（7）感应电压法。将 12～36 V 单相交流电通入 U 相，测量 V、W 相的感应电压；然后通入 V 相，测量 W、U 相的感应电压；再通入 W 相，测量 U、V 相的感应电压。记下测量的数值并进行比较，感应电压偏小的一相即有短路。

3. 定子绕组短路故障的检修

在查明定子绕组的短路故障后，可根据具体情况进行相应的修理。根据维修经验，最容易发生短路故障的位置是同极同相、相邻的两只线圈，上、下两层线圈及线圈的槽外部分。

(1)端部修理法。如果短路点在线圈端部，是因接线错误而导致的短路，可拆开接头，重新连接。当连接线绝缘管破裂时，可将绕组适当加热，撬开引线处，重新套好绝缘套管或用绝缘材料垫好。当端部短路时，可在两绕组端部交叠处插入绝缘物，将绝缘损坏的导线包上绝缘布。

(2) 拆修重嵌法。在故障线圈所在槽的槽楔上，刷涂适当溶剂(丙酮 40％，甲苯 35％，酒精 25％)，约 30 min 后，抽出槽楔并逐匝取出导线，用绝缘胶带将绝缘损坏处包扎好，重新嵌回槽中。如果故障在底层导线中，则必须将妨碍修理操作的邻近上层线圈边的导线取出槽外，待有故障的线匝修理完毕后，再依次嵌回槽中。

(3)局部调换线圈法。如果同心绕组的上层线圈损坏，可将绕组适当加热软化，完整地取出损坏的线圈，仿制相同规格的新线圈，嵌到原来的线槽中。对于同心式绕组的底层线圈和双层叠绕组线圈短路故障，可采用"穿绕法"修理。穿绕法较为省工省料，还可以避免损坏其他好线圈。

穿绕修理时，先将绕组加热至 80 ℃ 左右使绝缘软化，然后将短路线圈的槽楔打出，剪断短路线圈两端，将短路线圈的导线一根一根抽出。接着清理线槽，用一层聚酯薄膜复合青壳纸卷成圆筒，插入槽内形成一个绝缘套。穿线前，在绝缘套内插入钢丝或竹签(打蜡)后作为假导线，假导线的线径比导线略粗，根数等于线匝数。导线按短路线圈总长剪断，从中点开始穿线。导线的一端(左端)从下层边穿起，按下 1、上 2、下 3、上 4 的次序穿绕，另一端(右端)从上层边穿起，按上 5、下 6、上 7、下 8 的次序穿绕。穿绕时，抽出一根假导线，随即穿入一根新导线，以免导线或假导线在槽内发生移动。穿绕完毕，整理好端部，然后进行接线，并检查绝缘和进行必要的试验，经检测确定绝缘良好并经空载试车正常后，才能浸漆、烘干。

对于单层链式或交叉式绕组，在拆除故障线圈之后，把上面的线圈端部压下来填充空隙，另制一组导线直径和匝数相同的新线圈，从绕组表层嵌入原来的线槽。

(4)截除故障点法。对于匝间短路的一些线圈，在绕组适当加热后，取下短路线圈的槽楔，并截断短路线圈的两边端部，小心地将导线抽出槽外，接好余下线圈的断头，而后进行绝缘处理。

(5)去除线圈法或跳接法。在急需电动机使用，而一时又来不及修复时，可进行跳接处理，即把短路的线圈废弃，跳过不用，用绝缘材料将断头包好。但这种方法会造成电动机三相电磁不平衡，恶化了电动机性能，应慎用，事后应进行补救。

三、定子绕组断路故障的检修

当电动机定子绕组中有一相发生断路，电动机星形接法时，通电后发出较强的"嗡嗡"声，启动困难，甚至不能启动，断路相电流为零。当电动机带一定负载运行时，若突然发生一相断路,电动机可能还会继续运转,但其他两相电流将增大许多,并发出较强的"嗡嗡"声。对三角形接法的电动机,虽能自行启动,但三相电流极不平衡,其中一相电流比另外两相大70%,且转速低于额定值。采用多根并绕或多支路并联绕组的电动机,其中一根导线断线或一条支路断路并不造成一相断路,这时用电桥可测得断股或断支路相的电阻值比另外两相大。

1. 定子绕组断路的原因

(1)绕组端部伸在铁芯外面,导线易被碰断,或由于接线头焊接不良,长期运行后脱焊,以致造成绕组断路。

(2)导线质量低劣,导线截面有局部缩小处,原设计或修理时导线截面面积选择偏小,以及嵌线时刮削或弯折致伤导线,运行中通过电流时局部发热产生高温而烧断。

(3)接头脱焊或虚焊,多根并绕或多支路并联绕组断股未及时发现,经一段时间运行后发展为一相断路,或受机械力影响断裂及机械碰撞使线圈断路。

(4)绕组内部短路或接地故障,没有发现,长期过热而烧断导线。

2. 定子绕组断路故障的检查

实践证明,断路故障大多数发生在绕组端部、线圈的接头以及绕组与引线的接头处。因此,发生断路故障后,首先应检查绕组端部,找出断路点,重新进行连接、焊牢,包上相应等级的绝缘材料,再经局部绝缘处理,涂上绝缘漆晾干,即可继续使用。定子绕组断路故障的检查方法有以下几种:

(1)观察法。仔细观察绕组端部是否有碰断现象,找出碰断处。

(2)万用表法。将电动机出线盒内的连接片取下,用万用表或兆欧表测量各相绕组的电阻,当电阻大到接近绕组的绝缘电阻时,表明该相绕组存在断路故障。

(3)检验灯法。将小灯泡与电池串联,两根引线分别与一相绕组的头尾相连,若有并联支路,拆开并联支路端头的连接线;有并绕的,则拆开端头,使之互不接通。如果灯不亮,则表明绕组有断路故障。

(4)三相电流平衡法。对于10 kW以上的电动机,由于其绕组都采用多股导线并绕或多支路并联,往往不是一相绕组全部断路,而是一相绕组中的一根或几根导线或一条支路断开,所以检查起来较麻烦,这种情况下可采用三相电流平衡法来检测。

将异步电动机空载运行,用电流表测量三相电流。如果星形连接的定子绕组中有一相部分断路,则断路相的电流较小。如果三角形连接的定子绕组中有一相部分断路,则三相线电流中有两相的线电流较小。

如果电动机已经拆开,不能空载运行,这时可用单相交流电焊机作为电源进行测试。当电动机的三相绕组采用星形接法时,需将三相绕组串入电流表后再并联,然后接通单相交流电源,测试三相绕组中的电流,若电流值相差5%以上,电流较小的一相绕组可能有部分断路。当电动机的三相绕组采用三角形接法时,应先将绕组的接头拆开,然后将电流表分别串接在每相绕组中,测量每相绕组的电流。比较各相绕组的电流,其中电流较小的一相绕组即为断路相。

(5)电阻法。用直流电桥测量三相绕组的直流电阻,如三相直流电阻阻值相差大于2%时,电阻较大的一相即为断路相。由于绕组的接线方式不同,因此检查时可分为以下几种情况。

对于每相绕组均有两个引出线引出机座的电动机,可先用万用表找出各相绕组的首末端，然后用直流电桥分别测量各相绕组的电阻 R_U、R_V 和 R_W，最后进行比较。

3. 定子绕组断路故障的检修

查明定子绕组断路部位后，即可根据具体情况进行相应的修理，检修方法如下。

(1)当绕组导线接头焊接不良时，应先拆下导线接头处包扎的绝缘，断开接头，仔细清理，除去接头上的油污、焊渣及其他杂物。如果原来是锡焊焊接的，则先进行搪锡，再用烙铁重新焊接牢固并包扎绝缘，若采用电弧焊焊接，则既不会损坏绝缘，接头也比较牢靠。

(2)引线断路时应更换同规格的引线。若引线长度较长，可缩短引线，重新焊接接头。

(3)槽内线圈断线的处理。出现该故障现象时，应先将绕组加热，翻起断路的线圈，然后用合适的导线接好焊牢，包扎绝缘后再嵌回原线槽，封好槽口并刷上绝缘漆。但注意接头处不能在槽内，必须放在槽外两端。另外，也可以调换新线圈。有时遇到电动机急需使用，一时来不及修理时，也可以采取跳接法，直接短接断路的线圈，但此时应降低负载运行。这对于小功率电动机以及轻载、低速电动机是比较适用的。这是一种应急修理办法，事后应采取适当的补救措施。如果绕组断路严重，则必须拆除绕组重绕。

(4)当绕组端部断路时，可采用电吹风机对断线处加热，软化后把断头端挑起来，刮掉断头端的绝缘层，随后将两个线端插入玻璃丝漆套管，并顶接在套管的中间位置进行焊接。焊好后包扎相应等级的绝缘，然后涂上绝缘漆晾干。修理时还应注意检查邻近的导线，如有损伤也要进行接线或绝缘处理。对于绕组有多根断线的，必须仔细查出哪两根线对应相接，否则接错将造成自行断路。多根断线的每两个线端的连接方法与上述单根断线的连接方法相同。

任务实施

三相异步电动机最常见的故障是定子绕组损坏，维修定子绕组为常见工作。

一、拆卸步骤

(1)将槽楔全部取出，相间绝缘全部取出。
(2)用嵌线板挑出线圈，并整理放好，检查表面绝缘情况。
(3)按照要求计算绕组数据，并调整绕线模板。在拆线时应保留一个

三相异步电动机
的维护与检修

完整的旧线圈，作为选用新绕组尺寸的依据。新线圈尺寸可直接从旧线圈上测量得出。然后用一段导线按已确定的节距在定子上先测量一下，试做一个绕线模模型来确定绕线模尺寸。端部不要太长或太短，以方便嵌线为宜。

(4)绕制线圈。
(5)裁制绝缘。
(6)嵌线圈。24 槽三相 4 极电动机单层链式绕组嵌线工艺：先将第一个线圈的一个有效边嵌入槽 6，线圈的另一个有效边暂时还不能嵌入槽 1 中。因为线圈的另一个有效边要等到线圈十一和十二的一个有效边分别嵌入槽 2、槽 4 中之后，才能嵌到槽 1 中去。为了防止未嵌入槽内的线圈边和铁芯角相磨破坏导线绝缘层，要在导线的下面垫上一块牛皮纸或绝缘纸。嵌线如图 4-19 所示。

空一个槽(槽 7)暂时不嵌线，再将第二个线圈的一个有效边嵌入槽 8。同样，线圈二的另一个有效边要等线圈十二的一个有效边嵌入槽 4 以后才能嵌入槽 3，如图 4-19(b)所示。然后，空一个槽(槽 9)暂不嵌线，将线圈三的一个有效边嵌入槽 10。这时，由于第一、二线圈的有效边已嵌入槽 6 和槽 8，所以第三个线圈的另一个有效边就可以嵌入槽 5 中。接下来的嵌法和第三个线圈一样，以此类推，直到全部线圈的有效边都嵌入槽中后，才能将开始嵌线的线圈一和线圈二的另一个有效边分别嵌入槽 1 和槽 3。

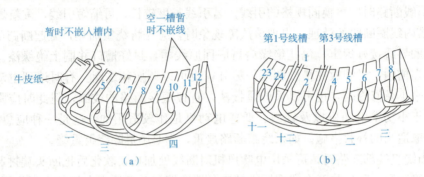

图 4-19　24 槽三相 4 极电动机单层链式绕组嵌线
(a)开始嵌线时；(b)嵌线完成时

因为嵌线是电动机装配中的主要环节，所以每一步都必须按照特定的工艺要求进行。

嵌线前，应先把绕好线圈的引线理直，套上黄蜡管，并将引槽纸放入槽内，但绝缘纸要高于槽口 25～30 mm，在槽外部分张开。为了加强槽口两端绝缘及机械强度，绝缘纸两端伸出部分应折叠成双层，两端应伸出铁芯 10 mm 左右。然后，将线圈的宽度稍微压缩，使其便于放入定子槽。

嵌线时，最好在线圈上涂一些蜡，这样有利于嵌线。然后，用手将导线的一边疏散开，用手指将导线捻成一个扁片，从定子槽的左端轻轻顺入绝缘纸，再顺势将导线轻轻地从槽口左端拉入槽内。在导线的另一边与铁芯之间垫一张牛皮纸，防止线圈未嵌入的有效边与定子铁芯摩擦，划破导线绝缘层。若一次拉入有困难，可将槽外的导线理好放平，再用画线板把导线一根一根地画入槽内，如图 4-20 所示。

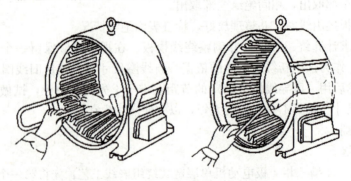

图 4-20　嵌线

嵌线时要细心。嵌好一个线圈后要检查一下，看其位置是否正确，然后，嵌下一个线圈。导线要放在绝缘纸内，若把导线放在绝缘纸与定子槽的中间，将会造成线圈接地或短路。

嵌完线圈，如槽内导线太满，可用压线板沿定子槽来回地压几次，将导线压紧，以便将竹楔顺利打入槽口，但一定注意不可猛撬。嵌完后，用剪刀将高于槽口 5 mm 以上的绝缘纸剪去。用画线板将留下的 5 mm 绝缘纸分别向左或向右拨入槽内。将竹楔一端插入槽口，压入绝缘纸，用小锤轻轻敲入。竹楔的长度要比定子槽长 7 mm 左右，其厚度不能小于 3 mm，宽度应根据定子槽的宽窄和嵌线后槽内的松紧程度来确定，以导线不发生松动为宜。

线圈端部、每个极相端之间必须加垫绝缘物。根据绕组端部的形状，可将相间绝缘纸剪裁成三角形等形状，高出端部导线 5～8 mm，插入相邻的两个绕组之间，下端与槽绝缘接触，把两相绕组完全隔开。单层绕组相间绝缘可用两层 0.18 mm 的绝缘漆布或一层聚酯薄膜复合青壳纸。

为了不影响通风散热，同时又使转子容易装入定子内膛，必须对绕组端部进行整形，形成外大里小的喇叭口。整形方法：用手按压绕组端部的内侧，或用橡胶锤敲打绕组，严禁损伤导线漆膜和绝缘材料使绝缘性能下降，进而发生短路故障。

端部整形后，用白布带对绕组线圈进行统一包扎，虽然定子是静止不动的，但电动机在启动过程中，导线将受电磁力的作用而掀动。

二、注意事项

1. 绕线注意事项

(1)新绕组所用导线的粗细、绕制匝数以及导线截面面积，应按原绕组的数据选择。

(2)检查导线有无掉漆的地方，如有，需涂绝缘漆，晾干后才可绕线。

(3)绕线前，将绕线模正确地安装在绕线机上，用螺钉拧紧，导线放在绕线架上，将线圈始端留出的线头缠在绕线模的小钉上。

(4)摇动手柄，从左向右开始绕线。在绕线过程中，导线在绕线模中要排列整齐、均匀，不得交叉或打结，并随时注意导线的质量，如果绝缘有损坏应及时修复。

(5)若在绕线过程中发生断线，可在绕完后再焊接接头，但必须把焊接点留在线圈的端接部分，而不准留在槽内，因为在嵌线时槽内部分的导线要承受机械力，容易损坏。

(6)将扎线放入绕线模的扎线口中，绕到规定匝数时，将线圈从绕线槽上取下，逐一清数线圈匝数，不够的添上，多余的拆下，再用线绳扎好。然后按规定长度留出接线头，剪断导线，从绕线模上取下即可。

(7)采用连绕的方法可减少绕组间的接头。把几个同样的绕线紧固在绕线机上，绕法同上，绕完一把用线绳扎好一把，直到全部完成。按次序把线圈从绕线模上取下，整齐地放在搁线架上，以免碰破导线绝缘层或把线圈搞脏、搞乱，影响线圈质量。

(8)绕线机长时间使用后，齿轮啮合不好，标度不准，一般不用于连绕；用于单把绕线时也应即时校正，绕后清数，确保匝数的准确性。

2. 异步电动机定子绕组绝缘裁制及安放注意事项

为了保证电动机的质量，新绕组的绝缘必须与原绕组的绝缘相同。小型电动机定子绕组的绝缘一般用两层 0.12 mm 厚的电缆纸，中间隔一层玻璃(丝)漆布或黄蜡绸。绝缘纸外端部最好用双层，以增加强度。槽绝缘的宽度以放到槽口下角为宜，嵌线时另用引槽纸。伸出槽外的绝缘如图 4-21 所示。

如果是双层绕组，则上下层之间的绝缘一定要垫好，层间绝缘宽度为槽中间宽度的1.7倍，使上下层导线在槽内的有效边严格分开。为了方便，不用引槽纸也可以，只要将绝缘纸每边高出铁芯内径25～30 mm即可。绝缘的大小如图4-22所示。

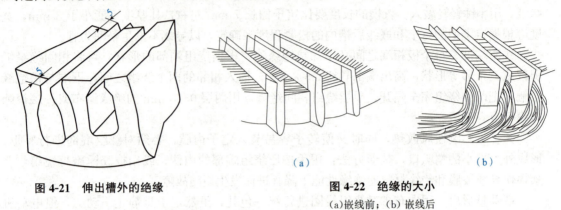

图 4-21　伸出槽外的绝缘

图 4-22　绝缘的大小

（a）嵌线前；（b）嵌线后

线圈端部的相间绝缘可根据线圈节距的大小来裁制，保持相间绝缘良好。

3. 嵌线注意事项

不能过于用力把线圈的两端向下按，以免定子槽的端口将导线绝缘层划破。

三、安装

1. 判断绕组的首、尾端

绕组的首、尾端若安装不正确，则电动机无法正常工作。因此，在安装接线盒之前，需要先判断三相异步电动机绕组的首、尾端(或称为同极性端)。

首先确定一个绕组的两个出线端，接下来就可以开始判别首尾端，具体方法有直流法、交流法和剩磁法。具体连接线路如图4-23所示。

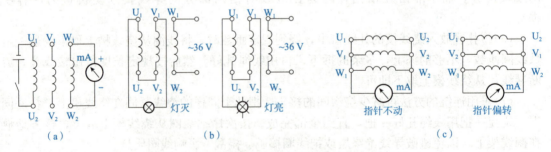

图 4-23　三相异步电动机定子绕组首尾端的判别

（a）直流法；（b）交流法；（c）剩磁法

(1)直流法。直流法的具体步骤如下：

①用万用表电阻挡分别找出三相绕组中各相的两个线头。

②给各相绕组假设编号为 U_1、U_2、V_1、V_2 和 W_1、W_2。

③按图4-23(a)接线，观察万用表指针摆动情况。

④合上开关瞬间若指针正偏，则电池正极的线头与万用表负极(黑表棒)所接的线头

同为首端或尾端；若指针反偏，则电池正极的线头与万用表正极（红表棒）所接的线头同为首端或尾端；再将电池盒开关接另一相的两个线头，进行测试，就可正确判别各相的首尾端。

（2）交流法。给各相绕组假设编号为 U_1、U_2、V_1、V_2 和 W_1、W_2，按图 4-23(b)接线，接通电源。若灯灭，则两个绕组相连接的线头同为首端或尾端；若灯亮，则不是同为首端或尾端。

（3）剩磁法。假设异步电动机存在剩磁。给各相绕组假设编号为 U_1、U_2、V_1、V_2 和 W_1、W_2，按图 4-23(c)接线，并转动电动机转子，若万用表指针不动，则证明首尾端假设编号是正确的；若万用表指针摆动则说明其中一相首尾端假设编号不对，应逐相对调重测，直至正确为止。

注意： 若万用表指针不动，则还应证明电动机存在剩磁，具体方法是改变接线，使线头编号接反，转动转子后若指针仍不动，则说明没有剩磁，若指针摆动则表明有剩磁。

2. 安装

安装过程与拆卸过程相反，在此不再赘述。

四、测试

为保证检修后的电动机能正常运行，在整机安装好通电之前，需对电动机进行检测。检测步骤为以下几点：

（1）观察外观是否完整，除接线盒之外有无裸露线圈及线头。

（2）慢慢转动转子，转子应能顺畅转动，如不能，需检查轴承和端盖是否安装过紧。

（3）对电动机的绝缘性能（相间绝缘、对地绝缘）进行检测。

在测量相间绝缘时，将兆欧表的两个接线柱分别连接到三相绕组中的任意两相上（取一个接线头即可），以 120 r/min 的速度摇动兆欧表的手柄，所测绝缘电阻应不小于 0.5 MΩ；在测量对地绝缘性能时，把兆欧表未标接地符号的一端接到电动机绕组的引出线端，把标有接地符号的一端接在电动机的机座上，以 120 r/min 的速度摇动兆欧表的手柄，所测绝缘电阻应不小于 0.5 MΩ。

（4）填表。学生根据故障现象，在规定的时间内按照正确的检测步骤诊断，将故障现象以及排除方法填入表中（表 4-10）。

表 4-10　故障现象记录表

序号	故障现象	故障排除
1		
2		
3		
4		
5		
6		

(5)学习评价(表4-11)。

表4-11　学习评价表

项目	总分	评分细则	得分
故障现象	20	观察不出故障现象，每个扣10分	
故障分析	40	分析和判断故障范围，每个故障占20分； 故障范围判断不正确，每个扣10分	
故障排除	20	不能排除故障，每个扣20分	
安全文明生产	20	每违反一次，扣10分，不能正确使用仪表，扣10分； 拆卸无关的元器件、导线端子，每次扣5分； 违反电气安全操作规程，扣5分	
合计			

任务三　　变压器的维护与检修

❋ **子任务一　变压器的结构**

任务描述

了解变压器的结构，掌握变压器的维护与检修相关知识。

相关知识

变压器是一种静止的电气设备。它是根据电磁感应的原理，将某一等级的交流电压和电流转换成同频率的另一等级电压和电流的设备。作用是变换交流电压、变换交流电流和变换阻抗。

电力变压器主要由铁芯、绕组、绝缘套管、油箱及附件等部分组成。以油浸式电力变压器为例，其基本结构如图4-24所示。

(1)铁芯。铁芯是变压器的磁路部分，是绕组的支撑骨架。铁芯由芯柱和磁轭两部分组成，铁芯用厚度为0.35 mm、表面涂有绝缘漆的热轧硅钢片或冷轧硅钢片叠装而成。

(2)绕组。绕组是变压器的电路部分，常用绝缘铜线或铝线绕制而成。工作电压高的绕组称为高压绕组，工作电压低的绕组称为低压绕组。

(3)绝缘套管。绝缘套管是变压器绕组的引出装置，将其装在变压器的油箱上，实现带电的变压器绕组引出线与接地的油箱之间的绝缘。

(4)油箱及附件。油箱用于安装变压器的铁芯与绕组，变压器油起绝缘和冷却作用。电力变压器附件还有安全气道、测温装置、分接开关、吸湿器与油表等。

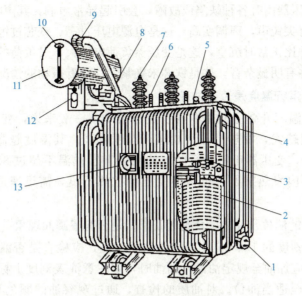

图 4-24 油浸式电力变压器
1—放油阀；2—绕组；3—油箱；4—器身；5—分接开关；6—低压套管；7—高压套管；8—气体继电器；
9—安全气道；10—油表；11—储油柜；12—吸湿器；13—温度计

❋ 子任务二　变压器的维护与检修

 相关知识

一、日常变压器维修检查项目

1. 检查变压器外接的高、低压熔丝是否完好

(1)变压器高压熔丝熔断。原因有变压器本身绝缘击穿，发生短路；高压熔断器熔丝截面选择不当或安装不当；低压网络有短路，但低压熔丝未熔断。

(2)变压器低压熔丝熔断。这是因为低压过流造成的。过流的原因可能是低压线路发生短路故障；变压器过负荷；用电设备绝缘损坏，发生短路故障；熔丝选择的截面过小或熔丝安装不当。

2. 检查高低压套管是否清洁，有无裂纹、碰伤和放电痕迹

表面清洁是套管保持绝缘强度的先决条件，当套管表面积有尘埃，遇到阴雨天或雾天，尘埃便会沾上水分，形成泄漏电流的通路。因此，对套管上的尘埃，应定期予以清除。套管由于碰撞或放电等原因产生裂纹伤痕，也会使它的绝缘强度下降，造成放电。故发现套管有裂纹或碰伤应及时更换。

3. 检查运行中的变压器声响是否正常

变压器运行中的声响是均匀而轻微的"嗡嗡"声，这是在交变磁通作用下，铁芯和线圈

振动造成的，若变压器内有各种缺陷或故障，会引起异常声响，其声响如下：

(1)声音中杂有尖锐声，声调变高，这是电源电压过高、铁芯过饱和的情况。

(2)声音增大并比正常时沉重，这是变压器负荷电流大，过负荷的情况。

(3)声音增大并有明显杂音，这是铁芯未夹紧，片间有振动的情况。

4. 检查变压器运行温度是否超过规定

变压器运行中温度升高主要由本身发热造成的，一般来说，变压器负载越重，线圈中流过的工作电流越大，发热量越大，运行温度越高。其温度越高，使绝缘老化加剧，寿命减少。据规定，变压器正常运行时，油箱内上层油温不超过 85 ℃～95 ℃，若油温过高，可能变压器内发热加剧，也可能变压器散热不良，需迅速退出运行，查明原因，进行修理。

5. 检查变压器的油位及油的颜色是否正常，是否有渗漏油现象

油位应在油表刻度的 1/4～3/4 以内。油面过低，应检查是否漏油，若漏油应停电修理。若不漏油，则应加油至规定油面。加油时，应注意油表刻度上标出的温度值，根据当时的气温，把油加至适当油位。对油质的检查，通过观察油的颜色来进行。新油浅黄色，运行一段时间后变为浅红色。发生老化、氧化较严重的油为暗红色。经短路、绝缘击穿的油中含有碳质，油色发黑。

二、大型变压器一般性的维护检查项目

(1)变压器是否还存在设计、安装缺陷。

(2)检查变压器的负荷电流、运行电压是否正常。

(3)检查变压器有无渗漏油的现象，油位、油色、温度是否超过允许值，油浸式自冷变压器上层油温一般在 85 ℃以下，强油风冷和强油水冷变压器应在 75 ℃以下。

(4)检查变压器的高、低压瓷套管是否清洁，有无裂纹、破损及闪络放电痕迹。

(5)检查变压器的接线端子有无接触不良、过热现象。

(6)检查变压器的运行声音是否正常；正常运行时有均匀的嗡嗡电磁声，如内部有噼啪的放电声则可能是绕组绝缘的击穿现象，如出现不均匀的电磁声，可能是铁芯的穿芯螺栓或螺母有松动。

(7)检查变压器的吸湿剂是否达到饱和状态。

(8)检查变压器的油截门是否正常，通向气体继电器的截门和散热器的截门是否处于打开状态。

(9)检查变压器的防爆管隔膜是否完整，隔膜玻璃是否刻有"十"字。

(10)检查变压器的冷却装置是否运行正常，散热管温度是否均匀，有无油管堵塞现象。

(11)检查变压器的外壳接地是否良好。

(12)检查瓦斯继电器内是否充满油，无气体存在。

(13)对室外变压器，重点检查基础是否良好，有无基础下沉，对变台杆，检查电杆是否牢固，木杆、杆根有无腐朽现象。

(14)对室内变压器，重点检查门窗是否完好，检查百叶窗铁丝纱是否完整。

(15)其他应该检查的项目。

三、变压器的检修方法

变压器维护与检修

变压器的故障有开路和短路两种。开路用万用表很容易测出，短路的故障用万用表不能测出。

(1)电源变压器短路。

①切断变压器的一切负载，接通电源，看变压器的空载温升，如果温升较高(烫手)说明一定是内部局部短路。如果接通电源15～30 min，温升正常，说明变压器正常。

②在变压器电源回路内串接一支1 000 W灯泡，接通电源时，灯泡只发微红，表明变压器正常，如果灯泡很亮或较亮，表明变压器内部有局部短路现象。

(2)变压器的开路。变压器的开路有内部线圈断线和引出线断线，应该细心检查，把断线处重新焊接好。如果是内部断线或外部都能看出有烧毁的痕迹，那只能换新件或重绕。

(3)变压器的重绕。取下固定夹(小变压器只能靠铁夹子紧固，大变压器是用螺栓紧固的)，用螺钉旋具插入第一片硅钢的缝隙，将第一片硅钢片撬出一缝隙，然后用钳子夹住这块硅钢片用力左右摆动，直到第一片取出为止。第一片取出后，再把其他硅钢片都取出就得到一个绕在绝缘骨架上的线圈。细心地剪开包在线圈外的绝缘纸，如果发现引出端的焊接处断开，可以重焊好。拆几十圈后发现断头，也可以接好后再按原样重新绕好。如果是烘干或断线严重，那就只能重绕了。在拆变压器时要记住它的绕向和圈数，以免重绕时出现错误。

重绕的方法：第一步应选择同型号的漆包线；第二步用手工或绕线机在原骨架上绕线，绕向应与之前绕向相同，圈数与原变压器的圈数相差不能太多。在绕完初级线圈后，应该用绝缘纸隔开，但不能太厚，以免绕好后线圈变粗，装不进铁芯。全部绕完还要用绝缘纸包好，接好引线；再把拆下的硅钢片插好。

注意：装硅钢片时不要损坏绕组，并要夹紧铁芯，以免重绕后变压器有"嗡嗡"声。

(4)中周的检修。用万用表欧姆挡测中周，如果是通的，一般没有问题。

①断路。如果用万用表欧姆挡测其直流电阻为无穷大，可以打开中周外壳查断线处，然后细心焊接好即可。

②短路。一般为一次线圈短路，可以把中周线圈的线拆开重绕一遍，一般故障可以排除。

③碰壳。碰壳即线圈与外壳短路，此时打开外壳，把边线处拨开即可。

④磁帽松动或滑扣。将中周外壳从线路板上焊下，将磁帽从尼龙支架内旋出，在磁帽和尼龙支架之间加入一根细的橡皮筋，再重新旋入磁帽。借助橡皮筋的弹力，可使磁帽较紧地卡在尼龙支架内，最后套上金属罩重新焊上线路。

⑤磁帽破碎。调整中周时，经常遇到把磁帽调破碎的情况，这时不必换整个中周，可以把中周外壳从线路中焊下，找一个中周磁帽换上，再把中周外壳焊入线路即可。

变压器的寿命管理是一种用科学的方法，采用防止绝缘老化的措施，对变压器进行监测、诊断和检修的复杂的过程。而故障判断涉及诸多因素，必要时要进行变压器特性试验及综合分析，才能准确可靠地找出故障原因，判明事故性质，提出合理的处理方法，只有掌握了必要的专业知识和一定的维护经验，才能有效地预防各类事故的发生，保证变压器的运行寿命和不间断供电。

1. 变压器有哪些主要部件？它们的主要作用是什么？
2. 变压器有哪些常见故障？
3. 引起变压器温度异常升高的原因有哪些？
4. 变压器发出异常响声的原因可能有哪些？
5. 变压器的检修方法有哪些？

知识拓展

千锤百炼　诠释工匠精神

在中国新钢公司，提起"张阳劳模创新工作室"，无人不晓，大家都情不自禁竖起大拇指啧啧称赞。近年来，该工作室深入电力维检一线创新创效，解决生产中的重点难点，以骄人的业绩先后荣获新钢公司"职工先进操作法""新余市劳模创新工作室"和"江西省工人先锋号"等殊荣。这个团队的带头人就是从事电气设备维修 20 多年、人称"电气大师"的张阳。

一项项耀眼的荣誉和光环，忠实记录了张阳不平凡的成才之路，也是他逐梦"大国工匠"的最好诠释。张阳是新钢公司第一动力厂供电车间检修负责人，负责新钢公司动力系统的电气检修和维护任务。他所带领的技术团队现有职工 30 人，由 11 名高级技师、13 名技师、2 名高级工程师、4 名工程师组成。他所辖设备的运行正常与否，直接影响新钢公司大生产的节奏和效益。

铸就"大国工匠"的匠人梦，绝非一日之功，需要日积月累、千锤百炼，需要勤学苦练、精益求精。在工作中，张阳有着一股虚心学习和善于总结的劲头。为了高效率解决长期困扰安全生产的各类现场设备故障及疑难杂症，他在学习和掌握了很多电气理论和实践知识的同时，也努力地掌握了很多机械理论和实践知识，并成为一名对电气设备有独特见解和故障分析能力的专家，为他能够做好日常的工作奠定了坚实基础。通过理论指导实践工作，既提高了检修效率，改进了工作流程，减少了重复事故的发生率，又提高了生产效益，检修后的设备返修率降低了 70% 以上。

在做好自己本职工作的同时，他还经常利用自己的专业特长不计报酬地帮助其他单位及时地解决了许多现场技术难题，在同行中树立了良好的口碑。张阳在日常工作中还善于技术总结，他总结的两项检修操作法被新钢公司命名为先进操作法，多项小改小革获国家专利，技术攻关项目总结多次被公司评奖，对于工人出身的他实在难能可贵。

"一花开放不是春，百花开放春满园。"新钢大生产电气设备点多面广，高度分散，种类繁杂、技术含量较高，为了培养技术梯队，形成团队的力量加强维检，2012 年动力厂成立了以他为首、20 多名技师、工程师组成的"张阳劳模创新工作室"，有针对性地开展了人才培养工作。对此，张阳深感肩上沉甸甸的重任，工作中不敢有丝毫懈怠。他带领团队牢固树立和强化"为大生产服务"的意识，着力激发职工的创造热情和创新活力，开展了争当"岗位技术能手"活动，并以"创新、动手"为宗旨，"解决现场难题"为目的的工作理念，在各类设备的安装、调试、检修及运行工作过程中实实在在地解决了许多现场难题。

同时，张阳及团队的7项创新技术成果获"国家专利"。团队成员在新钢公司的"创星提素"工程评比中2人获最高5星级五好员工，6人获4星级五好员工，其余成员均获得2～3星级五好员工。

"创新无止境，奉献无极限。"不忘初心，无私奉献，一个成员，一面旗帜；一个岗位，一个模范，这是张阳的目标，也是他的承诺。目前，张阳正带领团队投身于新钢公司四期技改中电气升改及智能化改造工作中，为新钢公司生产供电保驾护航，为实现全年自发电量23亿kW·h目标做出应有的贡献。

 职业链接

维修电工职业资格证书(中级)知识技能标准

职业功能	工作内容	技能要求	相关知识
一、工作前准备	(一)工具、量具及仪器	可以根据工作内容正确选用仪器、仪表	常用电工仪器、仪表的种类、特点及适用范围
	(二)读图与分析	可以读懂X62W铣床、MGB1420磨床等较复杂的机械设备的电气控制原理图	1. 常用较复杂机械设备的电气控制线路图； 2. 较复杂电气图的读图方法
二、装调与维修	(一)电气故障检修	1. 可以正确使用示波器、电桥、晶体管图示仪； **2. 可以正确分析、检修、排除55 kW以下的交流异步电动机、60 kW以下的直流电动机及各种特种电机的故障；** 3. 可以正确分析、检修、排除交磁电动机扩大机、X62W铣床、MGB1420磨床等机械设备控制系统的电路及电气故障	1. 示波器、电桥、晶体管图示仪的使用方法及考前须知； **2. 直流电动机及各种特种电动机的构造、工作原理和使用与拆装方法；** **3. 交磁电动机扩大机的构造、原理、使用方法及控制电路方面的知识；** 4. 单相晶闸管交流技术
	(二)配线与安装	1. 可以按图样要求进行较复杂机械设备的主、控线路配电板的配线(包括选择电器元件、导线等)，以及整台设备的电气安装工作； 2. 可以按图样要求焊接晶闸管调速器、调功器电路，并用仪器、仪表进行测试	明、暗电线及电器元件的选用知识
	(三)测绘	可以测绘一般复杂程度机械设备的电气局部	电气测绘根本方法
	(四)调试	可以独立进行X62W铣床、MGB1420磨床等较复杂机械设备的通电工作，并能正确处理调试中出现的问题，经过测试、调整，最后达到控制要求	较复杂机械设备电气控制调试方法

维修电工职业资格证书强化习题

1. 直流电动机因电刷牌号不相符导致电刷下火花过大时，应更换（　　）的电刷。
   A. 高于原规格　　　　　　　　　B. 低于原规格
   C. 原牌号　　　　　　　　　　　D. 任意

2. 直流电动机温升过高时，发现定子与转子相互摩擦，此时应检查（　　）。
   A. 传动带是否过紧　　　　　　　B. 磁极固定螺栓是否松脱
   C. 轴承与轴配合是否过松　　　　D. 电动机固定是否牢固

3. 直流电动机滚动轴承发热的主要原因有（　　）等。
   A. 轴承磨损过大　　　　　　　　B. 轴承变形
   C. 电动机受潮　　　　　　　　　D. 电刷架位置不对

4. 造成直流电动机漏电的主要原因有（　　）等。
   A. 电动机绝缘老化　　　　　　　B. 并励绕组局部短路
   C. 转轴变形　　　　　　　　　　D. 电枢不平衡

5. 直流电动机的定子由机座、主磁极、换向极及（　　）等部件组成。
   A. 电刷装置　　B. 电枢铁芯　　　C. 换向器　　　D. 电枢绕组

6. 直流电动机的电枢绕组中，（　　）的特点是绕组元件两端分别接到相隔较远的两个换向片上。
   A. 单叠绕组　　B. 单波绕组　　　C. 复叠绕组　　D. 复波绕组

7. 三相异步电动机的转向是由（　　）决定的。
   A. 交流电源频率　　　　　　　　B. 旋转磁场的方向
   C. 转差率的大小　　　　　　　　D. 上述都不对

8. 一直流电动机的磁极绕组过热，怀疑并励绕组部分短路，可用（　　）测量每个磁极绕组，找出电阻值低的绕组进行修理。
   A. 万用表欧姆挡　　　　　　　　B. 电桥
   C. 兆欧表　　　　　　　　　　　D. 摇表

9. 一台电动机的效率是0.75，若输入功率是2 kW时，它的额定功率是（　　）kW。
   A. 1.5　　　　　　B. 2　　　　　　C. 2.4　　　　　　D. 1.7

10. 交流电压表指示的是交流电压的（　　）。
    A. 最大值　　　　B. 有效值　　　　C. 平均值　　　　D. 瞬时值

11. 三相交流异步电动机要改变转动方向时，只要改变（　　）即可。
    A. 电动势方向　　　　　　　　　B. 电流方向
    C. 频率　　　　　　　　　　　　D. 电源相序

12. 为了提高生产效率，避免较大故障的发生，应定期或（　　）对电动机进行检修。
    A. 不定期　　　　　　　　　　　B. 定期
    C. 不一定　　　　　　　　　　　D. 以上答案皆不对

13. （　　）是指根据电动机的运行时间，到规定时间时，不管电动机是否出现故障，就要对电动机进行检修。
    A. 不定期检修　　　　　　　　　B. 大修
    C. 定期检修　　　　　　　　　　D. 以上答案皆不对

14. 三相异步电动机如果电源没有接入或接触不良，就会导致(　　)。
　　A. 电动机外壳带电　　　　　　　　B. 电动机转速低于额定值
　　C. 电动机轴承过热　　　　　　　　D. 电动机不转

15. 三相异步电动机带载工作时，其转子绕组上(　　)。
　　A. 由于无外部电源给转子供电，故无电流
　　B. 由于有外部电源给转子供电，故有电流
　　C. 由于无电磁感应，故无电流
　　D. 由于有电磁感应，故有电流

项目五　典型机床电气电路装调与检修

>> 学习目标

1. 了解典型机床的工作状态及操作方法。
2. 能识读典型机床的电气原理图，熟悉车床电气元器件的分布位置和走线情况。
3. 具有根据机床故障现象分析常见电气故障原因，确定故障范围的能力。
4. 具有检测并排除典型机床常见电气电路故障的能力。
5. 具有精益求精的工匠精神。
6. 具有认真负责的职业精神。

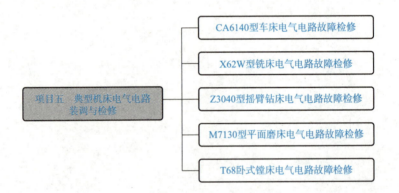

任务一　CA6140 型车床电气电路故障检修

任务描述

现有一台 CA6140 型车床出现故障，要求维修电工在规定时间内排除故障。

相关知识

一、CA6140 型车床的主要结构、运动形式及控制要求

CA6140 型车床是一种应用极为广泛的金属切削通用机床，能够车削外圆、内圆、端面和

螺纹，也可以用钻头或铰刀进行钻孔或铰孔。其型号"CA6140"的含义：C——车床；A——改进型；6——组代号(落地式)；1——系代号(卧式车床系)；40——最大车削直径为 400 mm。

1. 主要结构

CA6140 型车床的结构如图 5-1 所示。

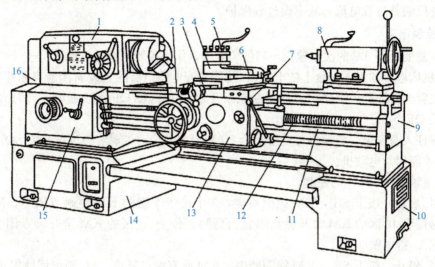

图 5-1　CA6140 型车床结构

1—主轴箱；2—纵溜板；3—横溜板；4—转盘；5—方刀架；6—小溜板；7—操纵手柄；8—尾座；9—床身；
10—右床座；11—光杠；12—丝杠；13—溜板箱；14—左床座；15—进给箱；16—交换齿轮架

2. 运动形式

(1)主运动。工件的旋转运动，由主轴通过卡盘带动工件旋转。

(2)进给运动。溜板带动刀架的纵向或横向直线运动，分手动和电动两种。

(3)辅助运动。刀架的快速移动、尾架的移动、工件的夹紧与放松等。

3. 控制要求

(1)主轴电动机一般选用三相交流笼型异步电动机，为了保证主运动与进给运动之间严格的比例关系，由一台电动机采用齿轮箱进行机械有级调速来拖动。

(2)车床在车削螺纹时，主轴通过机械方法实现正、反转。

(3)主轴电动机的启动、停止采用按钮操作。

(4)刀架快速移动由单独的快速移动电动机拖动，采用点动控制。

(5)车削加工时，由于刀具及工件温度过高，有时需要冷却，故配有冷却泵电动机。在主轴启动后，根据需要决定冷却泵电动机是否工作。

(6)具有必要的过载、短路、欠电压、失电压、安全保护功能。

(7)具有电源指示和安全的局部照明装置。

二、CA6140 型车床电气原理图分析

CA6140 型车床的电气原理图如图 5-2 所示。

1. 主电路

电源由总开关 QF 控制，熔断器 FU 做主电路短路保护，熔断器 FU_1 做功率较小的两台电

动机的短路保护。主电路共有 3 台电动机：主轴电动机、冷却泵电动机和刀架快速移动电动机。

(1)主轴电动机 M_1。由交流接触器 KM 控制，热继电器 FR_1 作过载保护。

(2)冷却泵电动机 M_2。由中间继电器 KA_1 控制，热继电器 FR_2 作过载保护。

(3)刀架快速移动电动机 M_3。由中间继电器 KA_2 控制，因其为短时工作状态，热继电器来不及反映其过载电流，故不设过载保护。

2. 控制电路

由控制变压器 TC 的次级输出∼110 V 电压，作为控制电路的电源。

(1)机床电源的引入。合上配电箱门(使装于配电箱门后的 SQ_2 常闭触点断开)、插入钥匙将开关旋至"接通"位置(使 SB 常闭触点断开)，跳闸线圈 QF 无法通电，此时方能合上电源总开关 QF。

为保证人身安全，必须将传动带罩合上(装于主轴传动带罩后的位置开关 SQ_1 常开触点闭合)，才能启动电动机。

(2)主轴电动机 M_1 的控制。

①M_1 启动：按下 SB_2，KM 线圈得电，3 个位于 2 区的 KM 主触点闭合，M_1 启动运转；同时位于 10 区的 KM 常开触点闭合(自锁)、位于 12 区的 KM 常开触点闭合(顺序启动，为 KA_1 得电做准备)。

②M_1 停止：按下 SB_1，KM 线圈断电，KM 所有触点复位，M_1 断电惯性停止。

(3)冷却泵电动机 M_2 的控制。

①M_2 启动：当主轴电动机 M_1 启动(位于 12 区的 KM 常开触点闭合)后，转动 SB_4 至闭合，中间继电器 KA_1 线圈得电，3 个位于 3 区的 KA_1 触点闭合，冷却泵电动机 M_2 启动。

②M_2 停止：当主轴电动机 M_1 停止，或转动 SB_4 至断开，中间继电器 KA_1 线圈断电，KA_1 所有触点复位，冷却泵电动机 M_2 断电。

显然，冷却泵电动机 M_2 与主轴电动机 M_1 采用顺序控制。只有当 M_1 启动后，M_2 才能启动；M_1 停止后，M_2 自动停止。

(4)刀架快速移动电动机 M_3 的控制。刀架移动方向(前、后、左、右)的改变，是由进给操作手柄配合机械装置实现的。

①M_3 启动：按住 SB_3，中间继电器 KA_2 线圈通电，3 个位于 4 区的 KA_2 触点闭合，M_3 启动。

②M_3 停止：松开 SB_3，中间继电器 KA_2 线圈断电，KA_2 所有触点复位，M_3 停止。

显然，这是一个点动控制。

3. 辅助电路

为保证安全、节约电能，控制变压器 TC 的次级输出∼24 V 和∼6 V 电压，分别作为机床照明灯和信号灯的电源。

(1)指示电路。合上电源总开关 QF，信号灯 HL 亮；断开电源总开关 QF，信号灯 HL 灭。

(2)照明电路。将转换开关 SA 旋至接通位置，照明灯 EL 亮；将转换开关 SA 旋至断开位置，照明灯 EL 灭。

4. 保护环节

(1)短路保护。由 FU、FU_1、FU_2、FU_3、FU_4 分别实现对全电路、$M_2/M_3/TC$ 一次侧、控制回路、信号回路、照明回路的短路保护。

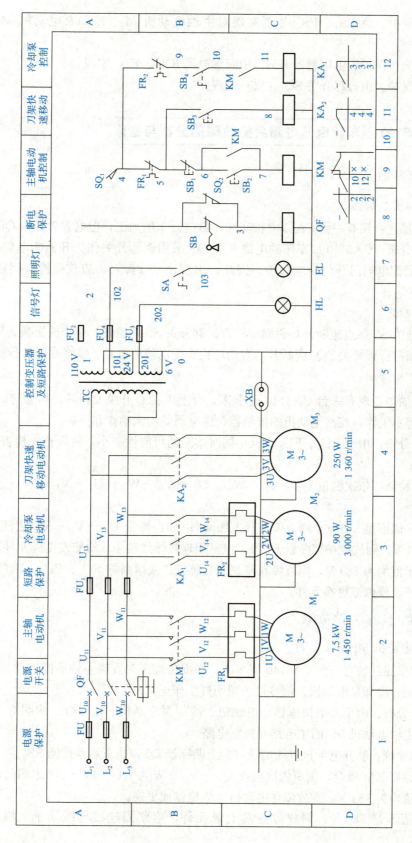

图5-2 CA6140型车床的电气原理图

(2)过载保护。由 FR_1、FR_2 分别实现对主轴电动机 M_1、冷却泵电动机 M_2 的过载保护。

(3)欠、失压保护。由接触器 KM、中间继电器 KA_1、KA_2 实现。

(4)安全保护。由行程开关 SQ_1、SQ_2 实现。

三、CA6140 型车床电气电路典型故障的分析与检修

(一)电源故障

1. 电源总开关故障

(1)故障描述：现有一台 CA6140 型车床，欲进行车削加工，但电源总开关 QF 合不上。

(2)故障分析：CA6140 型车床的电源开关 QF 采用钥匙开关作为开锁断电保护，用行程开关 SQ_2 做配电箱门开门断电保护。因此，出现这个故障时，应首先检查钥匙开关 SB 和行程开关 SQ_2。

(3)故障检修：

①钥匙开关 SB 触点应断开，否则应检查钥匙开关 SB 的位置、维修或更换钥匙开关；

②配电箱门行程开关 SQ_2 应断开，否则应检查配电箱门位置、维修或更换行程开关。

2."全无"故障

(1)故障描述：现有一台 CA6140 型车床，合上电源总开关 QF 后，信号灯、照明灯、机床电动机都不工作，控制电动机的接触器、继电器等均无动作和声响。

(2)故障分析：由于 FU_2、FU_3、FU_4 同时熔断的可能性极小，故应首先检查三相交流电源。

(3)故障检修：依次测量 $U_{10}-V_{10}-W_{10}$、$U_{11}-V_{11}-W_{11}$、$U_{13}-V_{13}-W_{13}$ 任意两相之间的电压：

①若指示值不是 380 V，则故障在其上级元件（如：测量 $U_{13}-V_{13}-W_{13}$ 之间的电压指示值不是 380 V，则故障在熔断器 FU_1），应紧固连接导线端子、检修或更换元件。

②若指示值均为 380 V，则故障在控制变压器 TC 或熔断器 FU_2、FU_3、FU_4，应紧固连接导线端子、检修或更换元件。

(二)主轴电动机电路故障

1. 主轴电动机 M_1 不能启动

(1)故障描述：现有一台 CA6140 型车床，在准备加工时发现主轴不能启动，但刀架快速移动电动机、冷却泵电动机、信号灯、照明灯工作正常。

(2)故障分析：由于刀架快速移动电动机、冷却泵电动机、信号灯、照明灯工作正常，故只需检查主轴电动机 M_1 的主电路和控制电路。

(3)故障检修：断开电动机进线端子，合上断路器 QF，按下启动按钮 SB_2。

①若接触器 KM 吸合，则应依次检查 $U_{12}-V_{12}-W_{12}$、$1U-1V-1W$ 之间的电压：

若指示值均为 380 V，则故障在电动机，应检修或更换；

若指示值不是 380 V，则故障在其上级元件，应紧固连接导线端子、检修或更换元件。

②若接触器 KM 不吸合，则应依次检查：停止按钮 SB_1 应闭合、启动按钮 SB_2 应能闭合、接触器 KM 线圈应完好、所有连接导线端子应紧固，否则应维修或更换同型号元件、紧固连接导线端子。

2. 主轴电动机 M_1 启动后不能自锁

(1)故障描述：现有一台 CA6140 型车床，在准备加工时发现按下主轴启动按钮 SB_2，主轴电动机启动，松开主轴启动按钮 SB_2，主轴电动机停止。

(2)故障分析：出现这个故障的唯一可能是自锁回路断路。

(3)故障检修：

①检查接触器 KM 的自锁触点接触情况，若接触不良应维修或更换；

②检查接触器 KM 的自锁触点上两根导线连接情况，若松脱应紧固。

3. 主轴电动机 M_1 不能停车

(1)故障描述：现有一台 CA6140 型车床，加工时发现按下主轴停止按钮 SB_1，主轴电动机不能停止。

(2)故障分析：出现这个故障的唯一可能是接触器 KM 主触点没有断开。

(3)故障检修：断开断路器 QF，观察接触器 KM 的动作情况：

①若接触器 KM 立即释放，则故障为 SB_1 触点直通或导线短接，应维修或更换 SB_1；

②若接触器 KM 缓慢释放，则故障为铁芯表面粘有污垢，应维修；

③接触器 KM 不释放，则故障为主触点熔焊，应维修或更换。

4. 主轴电动机 M_1 在运行中突然停车

(1)故障描述：现有一台 CA6140 型车床，在加工过程中主轴电动机突然自行停车。

(2)故障分析：出现这个故障的最大可能是电源断电或电动机过载。

(3)故障检修：

①检查电源电压是否丢失，若电源断电应尝试恢复供电；

②检查热继电器 FR_1 是否动作，若热继电器 FR_1 动作，应查明原因(三相电源电压不平衡、电源电压较长时间过低、负载过重)、排除故障后才能使其复位。

(三)刀架快速移动电动机电路故障

1. 故障描述

现有一台 CA6140 型车床，在车削加工时，刀架不能快速移动，但主轴电动机、冷却泵电动机、信号灯、照明灯工作正常。

2. 故障分析：

由于主轴电动机、冷却泵电动机、信号灯、照明灯工作正常，故只需检查刀架快速移动电动机 M_3 的主电路和控制电路。

3. 故障检修

断开电动机进线端子，合上断路器 QF，按下启动按钮 SB_3。

(1)若中间继电器 KA_2 吸合，则应检查 $3U-3V-3W$ 之间的电压：

①若指示值为 380 V，则故障在电动机，应检修或更换；

②若指示值不是 380 V，则故障在 KA_2，应紧固连接导线端子、检修或更换元件。

(2)若中间继电器 KA_2 不吸合，则应依次检查：按钮 SB_3 应闭合、中间继电器 KA_2

线圈应完好、所有连接导线端子应紧固，否则应维修或更换同型号元件、紧固连接导线端子。

(四)冷却泵电动机电路故障

1. 故障描述

现有一台 CA6140 型车床，在车削加工时，冷却泵电动机不能工作，但主轴电动机、刀架快速移动电动机、信号灯、照明灯工作正常。

2. 故障分析

由于主轴电动机、刀架快速移动电动机、信号灯、照明灯工作正常，故只需检查冷却泵电动机 M_2 的主电路和控制电路。

3. 故障检修

断开电动机进线端子，合上断路器 QF，启动主轴电动机，转动 SB_4 至闭合。

(1)若中间继电器 KA_1 吸合，则应依次检查 $U_{14}-V_{14}-W_{14}$、$2U-2V-2W$ 之间的电压：

①若指示值均为 380 V，则故障在电动机，应检修或更换；

②若指示值不是 380 V，则故障在其上级元件，应紧固连接导线端子、检修或更换元件。

(2)若中间继电器 KA_1 不吸合，则应依次检查：热继电器 FR_2 常闭触点应闭合、旋钮开关 SB_4 应闭合、接触器 KM 的常开触点应闭合、中间继电器 KA_1 线圈应完好、所有连接导线端子应紧固，否则应维修或更换同型号元件、紧固连接导线端子。

(五)照明电路故障

1. 故障描述

现有一台 CA6140 型车床，在车削加工时，照明灯突然熄灭，但主轴电动机、冷却泵电动机、刀架快速移动电动机、信号灯工作正常。

2. 故障分析

该故障相对简单，只需检查照明回路即可。

3. 故障检修

依次检查：电源电压应为 24 V、熔断器 FU_4 应完好、转换开关 SA 应闭合、照明灯 EL 应完好、所有连接导线端子应紧固，否则应维修或更换同型号元件、紧固连接导线端子。

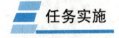
任务实施

车床电气电路
故障分析检查

一、工具、仪表、器材

(1)工具：螺钉旋具(一字、十字)、剥线钳、尖嘴钳、钢丝钳等常用电工工具，每人一套。

(2)仪表：万用表、绝缘电阻表、钳形电流表，每人各一块。

(3)器材：CA6140型车床或CA6140型车床模拟电气控制柜。

二、实施步骤

(1)说明该机床的主要结构、运动形式及控制要求。

(2)说明该机床工作原理。

(3)说明该机床电气元器件的分布位置和走线情况。

(4)人为设置多个故障，学生根据故障现象，在规定的时间内按照正确的检测步骤进行诊断，将故障现象以及排除方法填入表中(表5-1)。

表 5-1　故障现象记录表

序号	故障现象	故障排除
1		
2		
3		
4		
5		
6		

(5)学习评价(表5-2)。

表 5-2　学习评价表

项目	总分	评分细则	得分
故障现象	20	观察不出故障现象，每个扣10分	
故障分析	40	分析和判断故障范围，每个故障占20分； 故障范围判断不正确，每个扣10分	
故障排除	20	不能排除故障，每个扣20分	
安全文明生产	20	每违反一次，扣10分，不能正确使用仪表，扣10分； 拆卸无关的元器件、导线端子，每次扣5分； 违反电气安全操作规程，扣5分	
合计			

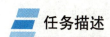

任务二　　X62W 型铣床电气电路故障检修

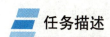 **任务描述**

现有一台 X62W 型铣床出现故障，要求维修电工在规定时间内排除故障。

一、X62W 型铣床的主要结构、运动形式及控制要求

X62W 型铣床是一种通用的多用途机床,可用来加工平面、斜面、沟槽;装上分度头后,可以铣削直齿轮和螺旋面;加装回转工作台,可以铣切凸轮和弧形槽。其型号"X62W"的含义:X——铣床;6——卧式;2——2 号铣床(用 0、1、2、3 表示工作台面的长与宽);W——万能。

1. 主要结构

X62W 型铣床的结构如图 5-3 所示。

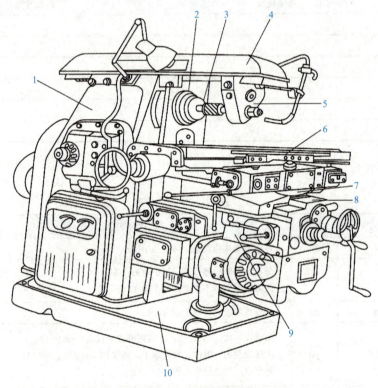

图 5-3 X62W 型铣床结构

1—床身;2—主轴;3—刀杆;4—悬梁;5—刀杆支架;6—工作台;7—转盘;

8—横溜板;9—升降台;10—底座

2. 运动形式

(1)主运动。主轴带动铣刀的旋转运动。

(2)进给运动。工作台带动工件的上下、左右、前后运动和圆形工作台的旋转运动。

(3)辅助运动。工作台带动工件在上下、左右、前后 6 个方向上的快速移动。

3. 控制要求

(1)由于铣床的主运动与进给运动之间没有严格的速度比例关系,因此,主轴的旋转和

工作台的进给分别采用单独的笼型异步电动机（M_1、M_2）拖动；为了对刀具和工件进行冷却，由冷却泵电动机 M_3 将冷却液输送到机床切削部位。

（2）铣削有顺铣和逆铣两种加工方式，要求主轴电动机能实现正、反转。但因其变换不频繁，并且在加工过程中无须改变旋转方向，故可根据工艺要求和铣刀的种类，在加工前预先选择主轴电动机的旋转方向。

（3）由于铣刀是一种多刃刀具，其铣削过程是断续的，因此为了减小负载波动对铣刀转速的影响，主轴上装有惯性飞轮。然而因其惯性较大，为了提高工作效率，要求主轴电动机采用停车制动控制。

（4）铣床的工作台有 6 个方向（上、下、左、右、前、后）的进给运动和快速移动，由进给电动机 M_2 分别拖动 3 根进给丝杠实现，因此要求进给电动机 M_2 能实现正、反转控制；进给的快速移动通过电磁离合器和机械挂挡改变传动链的传动比来完成；为扩大加工能力，工作台上还可加装圆工作台，圆工作台的回转运动由进给电动机 M_2 经传动机构驱动。

（5）主轴电动机 M_1 与进给电动机 M_2 采用机械变速的方法，利用变速盘进行速度选择，通过改变变速箱的传动比实现调速。为保证变速齿轮能很好地啮合，调整变速盘时要求电动机具有瞬时冲动（短时转动）控制。

（6）为避免铣刀与工件碰撞而造成事故，要求在铣刀旋转之后进给运动才能进行，铣刀停止旋转之后进给运动同时停止。

（7）为了方便操作，要求在机床的正面和侧面都能控制主轴电动机 M_1 和进给电动机 M_2。

（8）为了更换铣刀方便、安全，要求换刀时，一方面将主轴制动，另一方面将控制电路切断，避免出现人身事故。

（9）为了保证安全，要求在铣削加工时，安装在工作台上的工件只能在 3 个坐标的 6 个方向（上、下、左、右、前、后）上向一个方向进给；使用圆工作台时，不允许工件在 3 个坐标的 6 个方向（上、下、左、右、前、后）上有任何进给。

（10）具有必要的过载、短路、欠电压、失电压、安全保护和安全的局部照明功能。

二、X62W 型铣床电气原理图分析

X62W 型铣床的电气原理图如图 5-4 所示，各转换开关位置与触点通断情况见表 5-3。

1. 主电路

电源由总开关 QS_1 控制，熔断器 FU_1 做主电路短路保护。主电路共有 3 台电动机：主轴电动机 M_1、冷却泵电动机 M_3 和进给电动机 M_2。

（1）主轴电动机 M_1。由交流接触器 KM_1 控制，热继电器 FR_1 做过载保护，SA_3 作为 M_1 的换向开关；

（2）冷却泵电动机 M_3。由手动开关 QS_2 控制，热继电器 FR_2 做过载保护，当 M_1 启动后 M_3 才能启动；

（3）进给电动机 M_2。由接触器 KM_3、KM_4 实现正、反转控制，熔断器 FU_2 做短路保护，热继电器 FR_3 做过载保护。

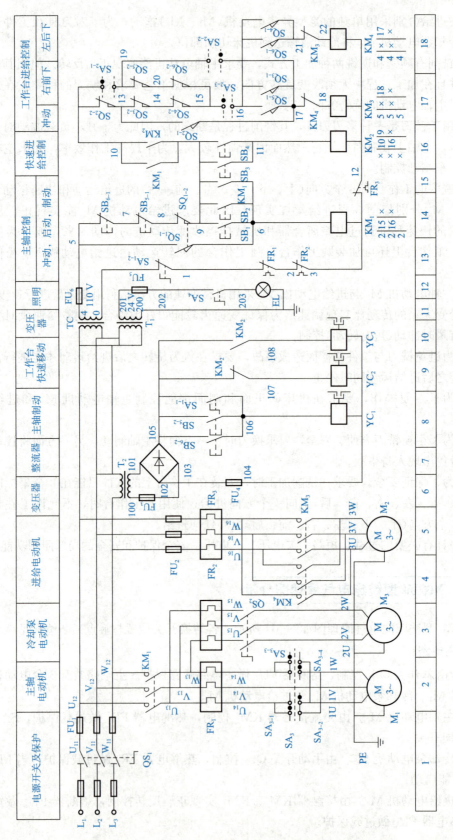

图5-4 X62W型铣床的电气原理图

表 5-3　X62W 型铣床各转换开关位置与触点通断情况

主轴换向开关				工作台纵向进给开关			
位置 / 触点	正转	停止	反转	位置 / 触点	左	停	右
SA$_{3-1}$	−	−	+	SQ$_{5-1}$	−	−	+
SA$_{3-2}$	+	−	−	SQ$_{5-2}$	+	+	−
SA$_{3-3}$	+	−	−	SQ$_{6-1}$	+	−	−
SA$_{3-4}$	−	−	+	SQ$_{6-2}$	−	+	−

圆工作台控制开关			工作台垂直与横向进给开关			
位置 / 触点	接通	断开	位置 / 触点	前、下	停	后、上
SA$_{2-1}$	−	+	SQ$_{3-1}$	+	−	−
SA$_{2-2}$	+	−	SQ$_{3-2}$	−	+	+
SA$_{2-3}$	−	+	SQ$_{4-1}$	−	−	+
			SQ$_{4-2}$	+	+	−

主轴换刀制动开关			
位置 / 触点	接通	断开	注："＋"表示触点接通；"－"表示触点断开
SA$_{1-1}$	+	−	
SA$_{1-2}$	−	+	

2. 控制电路

由控制变压器 TC 的次级输出～110 V 电压，作为控制电路的电源。

（1）主轴电动机 M$_1$ 的控制。为方便操作，主轴电动机的启动、停止以及工作台的快速进给控制均采用两地控制方式，一组安装在机床的正面，另一组安装在机床的侧面。

①主轴电动机 M$_1$ 的启动。主轴电动机启动之前，首先应根据加工工艺要求确定铣削方式（顺铣还是逆铣），然后将换向开关 SA$_3$ 扳到所需的转向位置。

按下主轴启动按钮 SB$_1$ 或 SB$_2$，接触器 KM$_1$ 线圈通电，3 个位于 2 区的 KM$_1$ 主触点闭合，M$_1$ 启动运转；同时位于 15 区的 KM$_1$ 常开触点闭合（自锁）、位于 16 区的 KM$_1$ 常开触点闭合（顺序启动）。

②主轴电动机 M$_1$ 的制动。为了使主轴快速停车，主轴采用电磁离合器制动。

按下停止按钮 SB$_5$ 或 SB$_6$，SB$_{5-1}$ 或 SB$_{6-1}$ 使接触器 KM$_1$ 线圈断电，KM$_1$ 所有触点复位；同时，SB$_{5-2}$ 或 SB$_{6-2}$ 使电磁离合器 YC$_1$ 通电吸合，将摩擦片压紧，对主轴电动机进行制动，直到主轴停止转动，才可松开 SB$_5$ 或 SB$_6$。

③主轴变速冲动。主轴的变速是通过改变齿轮的传动比实现的，由一个变速手柄和一个变速盘来实现，有多级不同转速，既可在停车时变速，也可在主轴旋转时进行。为利于变速后齿轮更好地啮合，设置了必要的"冲动"环节。

变速时，拉出变速手柄，凸轮瞬时压动主轴变速冲动开关 SQ$_1$，SQ$_1$ 只是瞬时动作一下随即复位。这样，SQ$_{1-2}$ 断开了 KM$_1$ 线圈的通电路径，M$_1$ 断电；同时 SQ$_{1-1}$ 瞬时接通一下 KM$_1$ 线圈。这时转动变速盘选择需要的速度，再将手柄以较快的速度推回原位。在推回过程中，又一次瞬时压动 SQ_1，SQ_{1-1} 又一次短时接通 KM_1，对 M_1 进行了一次"冲动"，这次"冲动"会使主轴变速后重新启动时齿轮更好地啮合。

④主轴换刀控制。在上刀或换刀时，主轴应处于制动状态，并且控制电路应断电，以避免发生事故。

换刀时，将换刀制动开关 SA_1 拨至"接通"位置，SA_{1-1} 接通电磁离合器 YC_1 对主轴进行制动；同时 SA_{1-2} 断开控制电路，确保换刀时机床没有任何动作。换刀结束后，应将 SA_1 扳回"断开"位置。

(2)冷却泵电动机 M_3 的控制。主轴电动机启动（KM_1 主触点闭合）后，扳动组合开关 QS_2 可控制冷却泵电动机 M_3 的启动与停止。

(3)进给电动机 M_2 的控制。工作台进给方向有横向（前、后）和垂直（上、下）、纵向（左、右）6 个方向。其中横向和垂直运动是在主轴启动后，通过操纵十字形手柄（共两套，分别设在机床的正面和侧面）和机械联动机构带动行程开关 SQ_3、SQ_4，控制进给电动机 M_2 正转或反转来实现的；纵向运动是在主轴启动后，通过操纵纵向手柄（共两套，分别设在机床的正面和侧面）和机械联动机构带动行程开关 SQ_5、SQ_6，控制进给电动机 M_2 正转或反转来实现的。此时，电磁离合器 YC_2 通电吸合，连接工作台的进给传动链。

而工作台的快速进给是点动控制，即使不启动主轴也可进行。此时，电磁离合器 YC_3 通电吸合，连接工作台的快速移动传动链。

在正常进给运动控制时，圆工作台控制开关 SA_2 应转至"断开"位置。

①工作台的横向（前、后）与垂直（上、下）进给运动。控制工作台横向（前、后）与垂直（上、下）进给运动的十字形手柄有上、下、中、前、后 5 个位置，各位置对应的行程开关 SQ_3、SQ_4 的触点状态见表 5-3。

向前运动：将十字形手柄扳向"前"，传动机构将电动机传动链和前后移动丝杠相连，同时压行程开关 SQ_3，SQ_{3-1} 闭合，接触器 KM_3 线圈通电（通电路径：9→KM_1 常开触点→10→SA_{2-1}→19→SQ_{5-2}→20→SQ_{6-2}→15→SA_{2-3}→16→SQ_{3-1}→17→KM_4 常闭触点→18→KM_3 线圈），3 个位于 5 区的 KM_3 主触点闭合，M_2 正转，拖动工作台向前运动；同时位于 18 区的 KM_3 常闭触点断开（互锁）。

向下运动：将十字形手柄扳向"下"，传动机构将电动机传动链和上下移动丝杠相连，同时压行程开关 SQ_3，SQ_{3-1} 闭合，接触器 KM_3 线圈通电，3 个位于 5 区的 KM_3 主触点闭合，M_2 正转，拖动工作台向下运动；同时位于 18 区的 KM_3 常闭触点断开（互锁）。

向后运动：将十字形手柄扳向"后"，传动机构将电动机传动链和前后移动丝杠相连，同时压行程开关 SQ_4，SQ_{4-1} 闭合，接触器 KM_4 线圈通电（通电路径：9→KM_1 常开触点→10→SA_{2-1}→19→SQ_{5-2}→20→SQ_{6-2}→15→SA_{2-3}→16→SQ_{4-1}→21→KM_3 常闭触点→22→KM_4 线圈），3 个位于 4 区的 KM_4 主触点闭合，M_2 反转，拖动工作台向后运动；同时位于 17 区的 KM_4 常闭触点断开（互锁）。

向上运动：将十字形手柄扳向"上"，传动机构将电动机传动链和上下移动丝杠相连，同时压行程开关 SQ_4，SQ_{4-1} 闭合，接触器 KM_4 线圈通电，3 个位于 4 区的 KM_4 主触点闭合，M_2 反转，拖动工作台向上运动；同时位于 17 区的 KM_4 常闭触点断开（互锁）。

停止：将十字形手柄扳向中间位置，传动链脱开，行程开关 SQ_3（或 SQ_4）复位，接触器 KM_3（或 KM_4）断电，进给电动机 M_2 停转，工作台停止运动。

限位保护：工作台的上、下、前、后运动都有极限保护，当工作台运动到极限位置时，撞块撞击十字手柄，使其回到中间位置，实现工作台的终点停车。

②工作台的纵向（左、右）进给运动。控制工作台纵向（左、右）进给运动的纵向手柄有左、中、右 3 个位置，各位置对应的行程开关 SQ_5、SQ_6 的触点状态见表 5-3。

向右运动：将纵向手柄扳到"右"，传动机构将电动机传动链和左右移动丝杠相连，同时压行程开关 SQ_5，SQ_{5-1} 闭合，接触器 KM_3 线圈通电（通电路径：$9 \rightarrow KM_1$ 常开触点 $\rightarrow 10 \rightarrow SQ_{2-2} \rightarrow 13 \rightarrow SQ_{3-2} \rightarrow 14 \rightarrow SQ_{4-2} \rightarrow 15 \rightarrow SA_{2-3} \rightarrow 16 \rightarrow SQ_{5-1} \rightarrow 17 \rightarrow KM_4$ 常闭触点 $\rightarrow 18 \rightarrow KM_3$ 线圈），3 个位于 5 区的 KM_3 主触点闭合，M_2 正转，拖动工作台向右运动；同时位于 18 区的 KM_3 常闭触点断开（互锁）。

向左运动：将纵向手柄扳到"左"，传动机构将电动机传动链和左右移动丝杠相连，同时压行程开关 SQ_6，SQ_{6-1} 闭合，接触器 KM_4 线圈通电（通电路径：$9 \rightarrow KM_1$ 常开触点 $\rightarrow 10 \rightarrow SQ_{2-2} \rightarrow 13 \rightarrow SQ_{3-2} \rightarrow 14 \rightarrow SQ_{4-2} \rightarrow 15 \rightarrow SA_{2-3} \rightarrow 16 \rightarrow SQ_{6-1} \rightarrow 21 \rightarrow KM_3$ 常闭触点 $\rightarrow 22 \rightarrow KM_4$ 线圈），3 个位于 4 区的 KM_4 主触点闭合，M_2 反转，拖动工作台向左运动；同时位于 17 区的 KM_4 常闭触点断开（互锁）。

停止：将纵向手柄扳向中间位置，传动链脱开，行程开关 SQ_5（或 SQ_6）复位，接触器 KM_3（或 KM_4）断电，进给电动机 M_2 停转，工作台停止运动。

限位保护：工作台的左右两端安装有限位撞块，当工作台运行到达极限位置时，撞块撞击手柄，使其回到中间位置，实现工作台的终点停车。

③进给变速冲动。为使变速时齿轮易于啮合，进给变速也有瞬时冲动环节。

变速时，先将变速手柄外拉，选择相应转速，再把手柄用力向外拉至极限位置并立即推回原位。在手柄拉到极限位置的瞬间，行程开关 SQ_2 被短时碰压（SQ_{2-2} 先断开，SQ_{2-1} 后接通），其触点短时动作随即复位，接触器 KM_3 瞬时通电（其通电路径：$10 \rightarrow SA_{2-1} \rightarrow 19 \rightarrow SQ_{5-2} \rightarrow 20 \rightarrow SQ_{6-2} \rightarrow 15 \rightarrow SQ_{4-2} \rightarrow 14 \rightarrow SQ_{3-2} \rightarrow 13 \rightarrow SQ_{2-1} \rightarrow 17 \rightarrow KM_4$ 常闭触点 $\rightarrow 18 \rightarrow KM_3$ 线圈），进给电动机 M_2 瞬时正转随即断电。

可见，只有当圆工作台停用，且纵向、垂直、横向进给都停止时，才能实现进给变速时的瞬时点动，防止了变速时工作台沿进给方向运动的可能。

④工作台快速移动。为提高生产效率，当工作台按照选定的速度和方向进给时，按下两地控制点动快速进给按钮 SB_3 或 SB_4，接触器 KM_2 得电吸合，位于 9 区的 KM_2 常闭触点断开，使电磁离合器 YC_2 断电（断开工作台的进给传动链）；位于 10 区的 KM_2 常开触点闭合，使电磁离合器 YC_3 通电（连接工作台快速移动传动链），工作台按原方向快速进给；位于 16 区的 KM_2 常开触点闭合，在主轴电动机不启动的情况下，也可实现快速进给调整工作。

松开 SB_3 或 SB_4，KM_2 断电释放，快速移动停止，工作台按原方向继续原速运动。

⑤圆工作台的控制。当需要加工凸轮和弧形槽时，可在工作台上加装圆工作台。使用时，先将圆工作台控制开关 SA_2 扳到"接通"位置，将纵向手柄和十字形手柄都置于中间位置，按下主轴启动按钮 SB_1 或 SB_2，接触器 KM_1 得电吸合，主轴电动机 M_1 启动，此时接触器 KM_3 线圈通电，通电路径：$10 \rightarrow SQ_{2-2} \rightarrow 13 \rightarrow SQ_{3-2} \rightarrow 14 \rightarrow SQ_{4-2} \rightarrow 15 \rightarrow SQ_{6-2} \rightarrow 20 \rightarrow SQ_{5-2} \rightarrow 19 \rightarrow SA_{2-2} \rightarrow 17 \rightarrow KM_4$ 常闭触点 $\rightarrow 18 \rightarrow KM_3$ 线圈，进给电动机 M_2 正转，带动圆工作台单方向回转，其旋转速度可通过蘑菇形变速手柄进行调节。

3. 辅助电路

为保证安全、节约电能，控制变压器 TC 的次级输出～24 V 电压，作为机床照明灯电源。用开关 SA_4 控制，熔断器 FU_5 作短路保护。

4. 保护环节

铣床的运动较多，控制电路较复杂，为安全可靠地工作，除了具有短路、过载、欠压、失压保护外，还必须具有必要的联锁。

(1)主运动和进给运动的顺序联锁。进给运动的控制电路接在接触器 KM_1 自锁触点之后，以确保铣刀旋转之后进给运动才能进行、铣刀停止旋转之后进给运动同时停止，避免工件或刀具的损坏。

(2)工作台左、右、上、下、前、后 6 个运动方向间的联锁。

①机械联锁——工作台的纵向运动由纵向手柄控制、横向和垂直运动由十字手柄控制，手柄本身就是一种联锁装置，在任意时刻只能有一个位置。

②电气联锁——行程开关的常闭触点 SQ_{3-2}、SQ_{4-2} 和 SQ_{5-2}、SQ_{6-2} 分别串联后再并联给 KM_3、KM_4 线圈供电。同时扳动两个手柄离开中间位置，将使接触器线圈 KM_3 或 KM_4 断电，工作台停止运动，从而实现工作台的纵向与横向、垂直运动间的联锁。

(3)圆工作台和工作台间的联锁。圆工作台工作时，转换开关 SA_2 在接通位置，SA_{2-1}、SA_{2-3} 切断了工作台的进给控制回路，工作台不能做任何方向的进给运动；同时，圆工作台的控制电路中串联了 SQ_{3-2}、SQ_{4-2} 和 SQ_{5-2}、SQ_{6-2} 常闭触点，扳动任一方向的工作台进给手柄，都将使圆工作台停止转动，实现了圆工作台和工作台间的联锁控制。

三、X62W 型铣床电气电路典型故障的分析与检修

(一)主轴电动机电路故障

1. 主轴电动机 M_1 不能启动

(1)故障描述：现有一台 X62W 型铣床，在准备工作时，发现主轴电动机 M_1 不能启动，检查发现进给电动机、冷却泵电动机也不能启动，仅照明灯正常。

(2)故障分析：主轴电动机 M_1 不能启动的原因较多，应首先确定故障发生在主电路还是控制电路。

(3)故障检修：断开电动机进线端子，合上电源开关 QS_1，将换向开关 SA_3 扳到正转（或反转）位置，按下启动按钮 SB_1（或 SB_2）：

①若接触器 KM 吸合，则应依次检查进线电源 $L_1—L_2—L_3$、$U_{11}—V_{11}—W_{11}$、$U_{12}—V_{12}—W_{12}$、$U_{13}—V_{13}—W_{13}$、$U_{14}—V_{14}—W_{14}$、$1U—1V—1W$ 之间的电压：

若指示值均为 380 V，则故障在电动机，应检修或更换；

若指示值不是 380 V，则故障在其上级元件，应紧固连接导线端子、检修或更换元件。

②若接触器 KM 不吸合，则应依次检查：控制回路电源电压应为 110 V，熔断器 FU_6 应完好，停止按钮 SB_{6-1}、SB_{5-1} 应闭合，主轴变速冲动开关 SQ_{1-2} 应闭合，启动按钮 SB_1（或 SB_2）应能闭合，接触器 KM_1 线圈应完好，热继电器 FR_1、FR_2 常闭触点应闭合，换刀制动开关 SA_{1-2} 应闭合，所有连接导线端子应紧固，否则应维修或更换同型号元件、紧固连接导线端子。

2. 主轴停车没有制动

(1)故障描述：现有一台 X62W 型铣床，加工过程中按下 SB_5 或 SB_6，发现主轴没有停车制动。

(2)故障分析：该故障只与电磁离合器 YC_1 及相关电器电路有关。

(3)故障检修：断开 SA_3，按下 SB_5 或 SB_6，仔细听有无电磁离合器 YC_1 动作的声音。

①如果有，则故障为 YC_1 动片和静片磨损严重，应更换；

②如果没有，则应依次检查：T_2 一次侧电压应为～380 V、T_2 二次侧电压应为～36 V、FU_3 及 FU_4 应完好、整流桥输出电压应为－32 V、SB_{5-2} 及 SB_{6-2} 应能闭合、YC_1 线圈应完好、所有连接导线端子应紧固，否则应维修或更换同型号元件、紧固连接导线端子。

3. 主轴变速时无"冲动"控制

(1)故障描述：现有一台 X62W 型铣床，加工过程中改变主轴转速时，发现没有"冲动"控制。

(2)故障分析：该故障通常是由于 SQ_1 经常受到冲击而损坏或位置变化引起的。

(3)故障检修：

①检查 SQ_1 是否完好，若损坏应维修或更换；

②检查 SQ_1 的位置是否变化，若移位应调整。

(二)冷却泵电动机电路故障

1. 故障描述

现有一台 X62W 型铣床，在铣削加工时，发现冷却泵电动机不能工作，但主轴电动机、进给电动机、照明灯工作正常。

2. 故障分析

由于主轴电动机、进给电动机、照明灯工作正常，故只需检查 M_3 的主电路即可。

3. 故障检修

断开电动机进线端子，合上冷却泵开关 QS_2，依次检查 $U_{15}-V_{15}-W_{15}$、$2U-2V-2W$ 之间的电压：

(1)若指示值均为 380 V，则故障在电动机，应检修或更换；

(2)若指示值不是 380 V，则故障在其上级元件，应紧固连接导线端子、检修或更换元件。

(三)进给电动机电路故障

1. 主轴启动后进给电动机自行转动

(1)故障描述：现有一台 X62W 型铣床，发现主轴启动后进给电动机自行转动，但扳动任一进给手柄工作台都不能进给。

(2)故障分析：当圆工作台控制开关 SA_2 置于"接通"位置、纵向手柄和十字手柄在中间位置时，启动主轴，进给电动机便旋转，扳动任一进给手柄，都会使进给电动机停转。

(3)故障检修：将圆工作台控制开关 SA_2 置于"断开"位置即可。

2. 主轴启动后工作台各个方向都不能进给

(1)故障描述：现有一台 X62W 型铣床，发现主轴工作正常，但工作台各个方向都不能进给。

(2)故障分析：由于主轴工作正常，而工作台各个方向都不能进给，故该故障只与进给电动机及相关电器电路有关。

(3)故障检修：将 SA_3 置于"停止"位置，断开进给电动机进线端子，启动主轴，将进给手柄置于 6 个运动方向中任一位置：

①若接触器 KM_3（KM_4）吸合，则应依次检查 $U_{16} - V_{16} - W_{16}$、$3U - 3V - 3W$ 之间的电压：

若指示值均为 380 V，则故障在电动机，应检修或更换；

若指示值不是 380 V，则故障在其上级元件，应紧固连接导线端子、检修或更换元件。

②若接触器 KM_3（KM_4）不吸合，则应依次检查：KM_1（9－10）应能闭合，SA_2 应在"断开"位置，FR_3 常闭触点应闭合，所有连接导线端子应紧固等，否则应维修或更换同型号元件、紧固连接导线端子。

3. 工作台能向前、后、上、下、左进给，但不能向右进给

(1)故障描述：现有一台 X62W 型铣床，铣削加工时发现工作台能向前、后、上、下、左进给，但不能向右进给。

(2)故障分析：该故障通常是由于 SQ_5 经常受到冲击而使位置变化或损坏引起的。

(3)故障检修：检查 SQ_5 的位置应无变化，SQ_{5-1} 应能闭合，所有连接导线端子应紧固。否则应维修或更换同型号元件、紧固连接导线端子。

4. 工作台能向前、后、上、下进给，但不能向左、右进给

(1)故障描述：现有一台 X62W 型铣床，铣削加工时发现工作台能向前、后、上、下进给，但不能向左、右进给。

(2)故障分析：该故障多出现在左、右进给的公共通道（10→SQ_{2-2}→13→SQ_{3-2}→14→SQ_{4-2}→15）上。

(3)故障检修：依次检查 SQ_2、SQ_3、SQ_4 的位置应无变化，SQ_{2-2}、SQ_{3-2}、SQ_{4-2} 应闭合，所有连接导线端子应紧固。否则应维修或更换同型号元件、紧固连接导线端子。

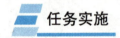 任务实施

铣床电气控制
电路故障检测

一、工具、仪表、器材

(1)工具：螺钉旋具（一字、十字）、剥线钳、尖嘴钳、钢丝钳等常用电工工具，每人一套。

(2)仪表：万用表、绝缘电阻表、钳形电流表，每人各一块。

(3)器材：X62W 型铣床或 X62W 型铣床模拟电气控制柜。

二、实施步骤

(1)说明该机床的主要结构、运动形式及控制要求。

(2)说明该机床工作原理。

(3)说明该机床电气元器件的分布位置和走线情况。

(4)人为设置多个故障，学生根据故障现象，在规定的时间内按照正确的检测步骤诊断，将故障现象以及排除方法填入表中（表5-4）。

表 5-4　故障现象记录表

序号	故障现象	故障排除
1		
2		
3		
4		
5		
6		

(5)学习评价(表 5-5)。

表 5-5　学习评价表

项目	总分	评分细则	得分
故障现象	20	观察不出故障现象,每个扣 10 分	
故障分析	40	分析和判断故障范围,每个故障占 20 分; 故障范围判断不正确,每个扣 10 分	
故障排除	20	不能排除故障,每个扣 20 分	
安全文明生产	20	每违反一次,扣 10 分,不能正确使用仪表,扣 10 分; 拆卸无关的元器件、导线端子,每次扣 5 分; 违反电气安全操作规程,扣 5 分	
合计			

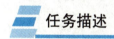

任务三　Z3040 型摇臂钻床电气电路故障检修

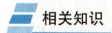

任务描述

现有一台 Z3040 型摇臂钻床出现故障,要求维修电工在规定时间内排除故障。

相关知识

一、Z3040 型摇臂钻床的主要结构、运动形式及控制要求

钻床是一种用途广泛的万能机床。钻床的结构形式很多,有立式钻床、卧式钻床、深孔钻床及台式钻床等。摇臂钻床是一种立式钻床,在钻床中具有一定代表性,主要用于对大型零件进行钻孔、扩孔、铰孔和攻螺纹等。其型号"Z3040"的含义:Z——钻床;3——摇臂式;0——圆柱形立柱;40——最大钻孔直径 40 mm。

(1)主要结构。Z3040 型摇臂钻床的结构示意图如图 5-5 所示。

(2)运动形式。

①主运动。主轴旋转。

②进给运动。主轴垂直运动。

③辅助运动。内立柱固定在底座上，外立柱套在内立柱外面，外立柱可绕内立柱手动回转一周。摇臂的一端与外立柱滑动配合，借助于丝杠，摇臂可沿外立柱上下移动，但两者不能相对转动，因此，摇臂只与外立柱一起绕内立柱回转。主轴箱安装在摇臂水平导轨上，可手动使其在水平导轨上移动。加工时，由特殊的夹紧装置将主轴箱紧固在摇臂导轨上、外立柱紧固在内立柱上、摇臂紧固在外立柱上。

可见，Z3040 型摇臂钻床的辅助运动有摇臂沿外立柱的垂直运动、主轴箱沿摇臂的水平运动、摇臂与外立柱一起相对内立柱的回转运动。

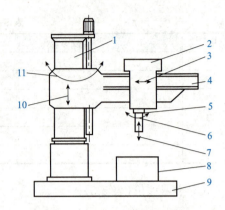

图 5-5　Z3040 型摇臂钻床结构

1—内外立柱；2—主轴箱；3—主轴箱沿摇臂水平运动；4—摇臂；5—主轴；6—主轴旋转运动；7—主轴垂直进给运动；8—工作台；9—底座；10—摇臂升降运动；11—摇臂回转运动

(3)控制要求。

①主轴的旋转运动及垂直进给运动都由主轴电动机 M_1 驱动，钻削加工时，钻头一面旋转，一面纵向进给，其旋转速度和旋转方向由机械传动部分实现，因此 M_1 只要求单方向旋转，不需调速和制动。

②摇臂的上升、下降由摇臂升降电动机 M_2 拖动，应能实现正反转，并具有限位保护。

③摇臂的夹紧放松、主轴箱的夹紧放松、立柱的夹紧放松由液压泵电动机 M_3 配合液压装置自动进行，要求 M_3 应能实现正反转。

④冷却泵电动机 M_4 用于提供冷却液，只要求单方向旋转。

⑤4 台电动机的容量均较小，故应采用直接启动方式。

⑥具有必要的过载、短路、欠电压、失电压保护。

⑦具有必要的指示和安全的局部照明。

二、Z3040 型摇臂钻床电气原理图分析

Z3040 型摇臂钻床的电气原理图如图 5-6 所示。

1. 主电路

电源由总开关 QS 控制，熔断器 FU_1 做主电路短路保护。主电路共有 4 台电动机：M_1 为主轴电动机，M_2 为摇臂升降电动机，M_3 为液压泵电动机，M_4 为冷却泵电动机。

(1)主轴电动机 M_1。由交流接触器 KM_1 控制，热继电器 FR_1 做过载保护，其正反转则由机床液压系统操纵机构配合正反转摩擦离合器实现。

(2)摇臂升降电动机 M_2。由接触器 KM_2、KM_3 实现正反转控制，熔断器 FU_2 做短路保护，因其为短时工作，故不用设长期过载保护。

(3)液压泵电动机 M_3。由接触器 KM_4、KM_5 实现正反转控制，熔断器 FU_2 做短路保护，热继电器 FR_2 做长期过载保护。

(4)冷却泵电动机 M_4。该电动机容量小(90 W)，由开关 SA_1 直接控制。

2. 控制电路

由控制变压器 TC 的次级输出～110 V 电压，作为控制电路的电源。控制电路中共有 4 个限位开关，其中：

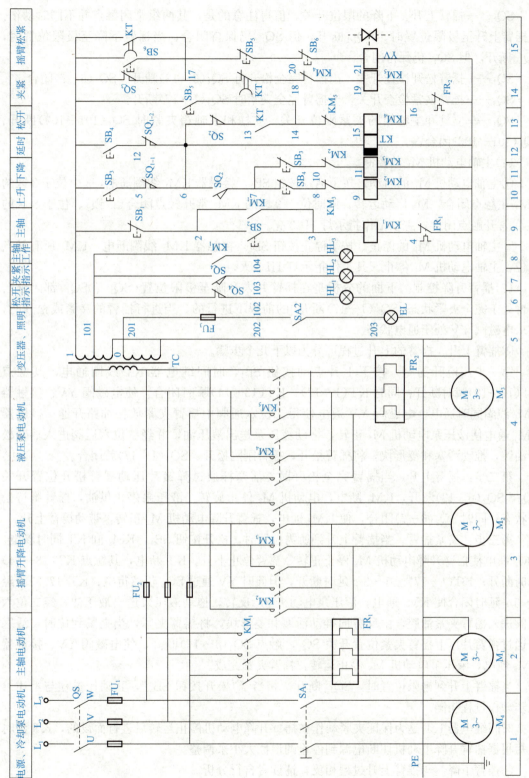

图5-6 Z3040型摇臂钻床电气原理图

SQ_1——摇臂上升、下降的限位开关，值得注意的是，其两组常闭触点并不同时动作：当摇臂上升至极限位置时，SQ_{1-1}断开，但SQ_{1-2}仍保持闭合；当摇臂下降至极限位置时，SQ_{1-2}断开，但SQ_{1-1}仍保持闭合。

SQ_2——摇臂松开检查开关，当摇臂完全松开时SQ_2（6—13）断开、SQ_2（6—7）闭合。

SQ_3——摇臂夹紧检查开关，当摇臂完全夹紧时SQ_3（1—17）断开。

SQ_4——立柱和主轴箱的夹紧限位开关，立柱和主轴箱夹紧时SQ_4（101—102）断开、SQ_4（101—103）闭合。

（1）主轴电动机M_1的控制。

①主轴电动机M_1的启动。按下启动按钮SB_2，接触器KM_1线圈通电，3个位于2区的KM_1主触点闭合，M_1启动运转；同时位于9区的KM_1常开触点闭合（自锁）、位于8区的KM_1常开触点闭合，主轴工作指示灯HL3亮。

②主轴电动机M_1的停止。按下停止按钮SB_1，接触器KM_1线圈断电，KM_1所有触点复位，主轴电动机M_1停止、其工作指示灯HL3灭。

（2）摇臂升降控制。下面的分析是在摇臂并未升降至极限位置（SQ_{1-1}、SQ_{1-2}都闭合）、摇臂处于完全夹紧状态［SQ_3（1—17）断开］的前提下进行的，当进行摇臂的夹紧或松开时，要求电磁阀YV处于通电状态。

①摇臂上升。摇臂的上升过程可分为以下几个步骤。

第一步：松开摇臂。按下上升点动按钮SB_3，时间继电器KT线圈通电，其触点KT（17—18）瞬时断开；同时KT（1—17）、KT（13—14）瞬时闭合，使电磁阀YV、接触器KM_4线圈同时通电。电磁阀YV通电使得二位六通阀中摇臂夹紧放松油路开通；接触器KM_4通电使液压泵电动机M_3正转，拖动液压泵送出液压油，并经二位六通阀进入摇臂松开油腔，推动活塞和菱形块，将摇臂松开，摇臂刚刚松开、SQ_3（1—17）就闭合。

第二步：摇臂上升。当摇臂完全松开时，活塞杆通过弹簧片压动摇臂松开位置开关SQ_2，SQ_2（6—13）断开，KM_4断电，电动机M_3停止旋转，液压泵停止供油，摇臂维持松开状态；同时SQ_2（6—7）闭合，使KM_2通电，摇臂升降电动机M_2正转，带动摇臂上升。

第三步：夹紧摇臂。当摇臂上升到所需位置时，松开按钮SB_3，KM_2和KT同时断电。KM_2断电使摇臂升降电动机M_2停止正转，摇臂停止上升。KT断电，其触点KT（13—14）瞬时断开；KT（1—17）经1～3 s延时断开，但此时YV通过SQ_3仍然得电；KT（17—18）经1～3 s延时闭合使KM_5通电，液压泵电动机M_3反转，拖动液压泵送出液压油，经二位六通阀进入摇臂夹紧油腔，由反方向推动活塞和菱形块，将摇臂夹紧，当夹紧到位时，活塞杆通过弹簧片压下摇臂夹紧位置开关SQ_3，触点SQ_3（1—17）断开，使电磁阀YV、接触器KM_5断电，液压泵电动机M_3停止运转，摇臂夹紧完成。

当摇臂上升到极限位置时，SQ_{1-1}断开，相当于"松开按钮SB_3"，其动作过程与上述第三步动作过程相同。

时间继电器KT是为保证夹紧动作在摇臂升降电动机停止运转后进行而设的，KT延时长短根据摇臂升降电动机切断电源到停止的惯性大小来调整。

②摇臂下降。与摇臂上升过程相反，请读者自行分析。

（3）主轴箱和立柱的夹紧与放松控制。主轴箱与摇臂、外立柱与内立柱的夹紧与放松均采用液压夹紧与松开，且两者同时动作。当进行主轴箱和立柱的夹紧或松开时，要求电磁阀YV处于断电状态。

①主轴箱和立柱松开控制。电磁阀 YV 断电使得二位六通阀中主轴箱和立柱夹紧放松油路开通。此时按下松开按钮 SB_5，KM_4 通电，M_3 电动机正转，拖动液压泵送出液压油，经二位六通阀进入主轴箱和立柱的松开油腔，推动活塞和菱形块，使主轴箱和立柱的夹紧装置松开。当主轴箱和立柱松开时，SQ_4 不再受压，SQ_4（101—102）闭合，指示灯 HL_1 亮，表示主轴箱和立柱确已松开，此时可手动移动主轴箱或转动立柱。

②主轴箱和立柱夹紧控制。与主轴箱和立柱松开控制过程相反，请读者自行分析。

当主轴箱和立柱被夹紧时，SQ_4（101—103）闭合，指示灯 HL_2 亮，表示主轴箱和立柱确已夹紧，此时可以进行钻削加工。

(4)冷却泵电动机的控制。扳动开关 SA_1 可直接控制冷却泵电动机 M_4 的启动与停止。

3. 辅助电路

(1)指示电路。主轴箱和立柱松开指示 HL_1 由 SQ_4（101—102）控制；主轴箱和立柱夹紧指示 HL_2 由 SQ_4（101—103）控制；主轴工作指示 HL_3 由 KM_1（101—104）控制。

(2)照明电路。将开关 SA_2 旋至"接通"位置，照明灯 EL 亮；将转换开关 SA_2 旋至"断开"位置，照明灯 EL 灭。

4. 保护环节

(1)短路保护。由 FU_1、FU_2、FU_3 分别实现对全电路、M_2/M_3/TC 一次侧、照明回路的短路保护。

(2)过载保护。由 FR_1、FR_2 分别实现对主轴电动机 M_1、液压泵电动机 M_3 的过载保护。

(3)欠、失压保护。由接触器 KM_1、KM_2、KM_3、KM_4、KM_5 实现。

(4)安全保护。由行程开关 SQ_1 实现。

三、Z3040 型摇臂钻床电气电路典型故障的分析与检修

Z3040 型摇臂钻床的电气电路比较简单，其电气控制的特殊环节是摇臂的运动。摇臂在上升或下降时，摇臂的夹紧机构先自动松开，在上升或下降到预定位置后，其夹紧机构又要将摇臂自动夹紧在立柱上。这个工作过程是由电气、机械和液压系统的紧密配合而实现的。所以，在维修和调试时，不仅要熟悉摇臂运动的电气过程，而且更要注重掌握机电液配合的调整方法和步骤。

(一)电源故障

1. 故障描述

现有一台 Z3040 型摇臂钻床，合上电源开关后，操作任一按钮均无反应；照明灯、指示灯也不亮。

2. 故障分析

出现这种"全无"故障首先应检查电源。

3. 故障检修

(1)用万用表测量 QS 进线端任意两相间线电压是否均为 380 V，若不是，则故障点为上级电源，应逐级查找上级电源的故障点，恢复供电。

（2）用万用表测量 QS 出线端任意两相间线电压是否均为 380 V，若不是，则故障点为 QS，应紧固接线端子或更换 QS。

（3）用万用表测量 FU_1 出线端任意两相间线电压是否均为 380 V，若不是，则故障点为 FU_1，应紧固接线端子或更换 FU_1。

（二）主轴电动机电路故障

1. 故障描述

现有一台 Z3040 型摇臂钻床，合上电源开关后，按下主轴启动按钮，钻头无反应。初步检查发现主轴电动机不能启动，但其他电动机可以正常运转。

2. 故障分析

由于其他电动机可以正常运转，故只需检查主轴电动机 M_1 的主电路和控制电路。

3. 故障检修

断开电动机进线端子，合上电源开关 QS，按下启动按钮 SB_2。

（1）若接触器 KM_1 吸合，则应依次检查 KM_1 主触点出线端、FR_1 热元件出线端任意两相间线电压：

①若指示值均为 380 V，则故障在电动机，应检修或更换；

②若指示值不是 380 V，则故障在其上级元件，应紧固连接导线端子、检修或更换元件。

（2）若接触器 KM 不吸合，则应依次检查：停止按钮 SB_1 应闭合，启动按钮 SB_2 应能闭合，接触器 KM 线圈应完好，热继电器 FR_1 常闭触点应闭合，所有连接导线端子应紧固，否则应维修或更换同型号元件、紧固连接导线端子。

（三）摇臂升降电动机电路故障

1. 摇臂松开控制回路故障

（1）故障描述。在 Z3040 型摇臂钻床进行钻孔加工的过程中，为调整钻头高度，按下摇臂升降按钮 SB_3 或 SB_4，发现摇臂没有反应，进一步检查发现摇臂不能放松。

（2）故障分析。摇臂的放松是由电磁阀 YV 在通电状态下配合液压泵电动机 M_3 正转完成的，因此应检查电磁阀 YV 和液压泵电动机 M_3 正转的主电路和控制电路。

（3）故障检修：按下摇臂升降按钮 SB_3 或 SB_4：

①检查时间继电器 KT 是否动作：若时间继电器 KT 不动作，应依次检查 SB_3（1—5）或 SB_4（1—12）应能闭合，SQ_{1-1} 或 SQ_{1-2} 应闭合，KT 线圈应完好，所有连接导线端子应紧固等，否则应维修或更换同型号元件、紧固连接导线端子。

若时间继电器 KT 动作，则进入下一步。

②检查接触器 KM_4、电磁阀 YV 是否也立即动作：若 KM_4 不动作，应依次检查 SQ_2（6—13）应闭合，KT（13—14）应能闭合，KM_5（14—15）应闭合，KM_4 线圈应完好，FR_2（16—0）应闭合；若 YV 不动作，应依次检查 KT（1—17）应能闭合，SB_5（17—20）、SB_6（20—21）应闭合，YV 应完好。否则应维修或更换同型号元件、紧固连接导线端子。

若 KM_4、YV 也立即动作，则应依次检查维修 KM_4 主触点、FR_2 热元件、M_3。

2. 摇臂夹紧控制回路故障

（1）故障描述：在 Z3040 型摇臂钻床进行钻孔加工的过程中，启动主轴电动机后，按下摇臂升降按钮欲调整钻头高度，液压机构进行放松后，摇臂按要求进行升降，但升降到位后松开按钮，液压机构不进行夹紧。

（2）故障分析：由于摇臂能放松却不能夹紧，因此应检查液压泵电动机 M_3 反转的主电路和控制电路。

（3）故障检修：松开摇臂升降按钮 SB_3 或 SB_4，检查接触器 KM_5 是否动作：

①若 KM_5 不动作，应依次检查 SQ_3 应闭合，$KT(17—18)$ 应闭合，$KM_4(18—19)$ 应闭合，KM_5 线圈应完好，$FR_2(16—0)$ 应闭合，否则应维修或更换同型号元件、紧固连接导线端子。

②若 KM_5 动作，则应依次检查维修 KM_5 主触点、FR_2 热元件、M_3。

3. 摇臂升降控制回路故障

（1）故障描述：在 Z3040 型摇臂钻床进行钻孔加工的过程中，启动主轴电动机后，按下摇臂上升按钮欲调整钻头高度，液压机构进行放松后，摇臂没有反应。

（2）故障分析：因摇臂能放松却不能上升，故应检查摇臂升降电动机 M_2 正转的主电路和控制电路。

（3）故障检修：检查接触器 KM_2 是否动作：

①若接触器 KM_2 动作，则应依次检查维修 KM_2 主触点、M_2。

②若接触器 KM_2 不动作，则应依次检查 $SQ_2(6—7)$ 应能闭合，$SB_4(7—8)$、$KM_3(8—9)$ 应闭合，KM_2 线圈应完好，否则应维修或更换同型号元件、紧固连接导线端子。

（四）主轴箱和立柱放松、夹紧电路故障

1. 故障描述

在 Z3040 型摇臂钻床进行钻孔加工的过程中，发现钻出的孔径偏大，且中心偏斜。对主轴箱和立柱进行夹紧操作，发现控制无效。

2. 故障分析

主轴箱和立柱的夹紧是由电磁阀 YV 在断电状态下配合液压泵电动机 M_3 反转完成的，因此应检查电磁阀 YV 和液压泵电动机 M_3 反转的主电路和控制电路。

3. 故障检修

按下主轴箱和立柱夹紧按钮 SB_6，检查接触器 KM_5 是否动作：

（1）若接触器 KM_5 不动作，应依次检查 $SB_6(1—17)$ 应能闭合，$KT(17—18)$、$KM_4(18—19)$ 应闭合，KM_5 线圈应完好，$FR_2(16—0)$ 应闭合，所有连接导线端子应紧固等，否则应维修或更换同型号元件、紧固连接导线端子。

（2）若接触器 KM_5 动作，则应依次检查维修 KM_5 主触点、FR_2 热元件、M_3、YV。

（五）冷却泵电动机电路故障

1. 故障描述

在 Z3040 型摇臂钻床进行钻孔加工的过程中，发现冷却泵电动机不能工作。

2. 故障分析

该故障相对简单，只需检查 M_4 的主电路即可。

3. 故障检修

断开电动机进线端子，合上冷却泵开关 SA_1，检查 SA_1 出线端三相之间的线电压：

(1)若指示值均为 380 V，则故障在电动机，应检修或更换；

(2)若指示值不是 380 V，则故障在 SA_1，应紧固连接导线端子、检修或更换 SA_1。

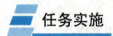 任务实施

钻床电气电路
故障分析检测

一、工具、仪表、器材

(1)工具：螺钉旋具(一字、十字)、剥线钳、尖嘴钳、钢丝钳等常用电工工具，每人一套。

(2)仪表：万用表、绝缘电阻表、钳形电流表，每人各一块。

(3)器材：Z3040 型摇臂钻床或 Z3040 型摇臂钻床模拟电气控制柜。

二、实施步骤

(1)说明该机床的主要结构、运动形式及控制要求。

(2)说明该机床工作原理。

(3)说明该机床电气元器件的分布位置和走线情况。

(4)人为设置多个故障，学生根据故障现象，在规定的时间内按照正确的检测步骤诊断，将故障现象以及排除方法填入表中(表 5-6)。

表 5-6　故障现象记录表

序号	故障现象	故障排除
1		
2		
3		
4		
5		
6		

(5)学习评价(表 5-7)。

表 5-7　学习评价表

项目	总分	评分细则	得分
故障现象	20	观察不出故障现象，每个扣 10 分	
故障分析	40	分析和判断故障范围，每个故障占 20 分； 故障范围判断不正确，每个扣 10 分	
故障排除	20	不能排除故障，每个扣 20 分	
安全文明生产	20	每违反一次，扣 10 分，不能正确使用仪表，扣 10 分； 拆卸无关的元器件、导线端子，每次扣 5 分； 违反电气安全操作规程，扣 5 分	
合计			

任务四　M7130 型平面磨床电气电路故障检修

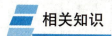

任务描述

现有一台出现故障的 M7130 型平面磨床，要求维修电工在规定时间内排除故障。

相关知识

一、M7130 型平面磨床的主要结构、运动形式及控制要求

M7130 型平面磨床主要由床身、工作台、电磁吸盘、砂轮架、滑座、立柱等部分组成(图 5-7)。

在床身上装有液压传动装置，以便工作台在床身导轨上通过压力油推动活塞做往复直线运动，实现水平方向进给运动。工作台面上有 T 形槽，用以安装电磁吸盘或直接安装大型工件。床身上固定有立柱，滑座安装在立柱的垂直导轨上，实现垂直方向进给。在滑座的水平导轨上安装砂轮架，砂轮架由装入式电动机直接拖动，通过滑座内部的液压传动机构实现横向进给。

平面磨床砂轮的旋转运动为主运动，工作台完成一次往复运动时，砂轮架做一次间断性的横向进给，直至完成整个平面的磨削，然后砂轮架连同滑座沿垂直导轨做间断性的垂直进给，直至达到工件加工尺寸。

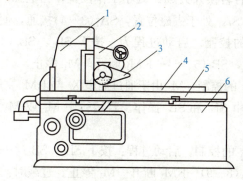

图 5-7　M7130 型平面磨床结构

1—立柱；2—滑座；3—砂轮箱；4—电磁吸盘；5—工作台；6—床身

平面磨床的辅助运动，如砂轮架在滑座的水平导轨上做快速横向移动，滑座在立柱的垂直导轨上做快速垂直移动，以及工作台往复运动速度的调整等。

二、M7130 型平面磨床电气原理图分析

M7130 型平面磨床的电气原理图如图 5-8 所示。其电气设备安装在床身后部的壁盒内，

控制按钮安装在床身左前部的电气操纵盒上。图中 M_1 为砂轮电动机，M_2 为冷却泵电动机，都由 KM_1 的主触点控制，再经 X_1 插销向 M_2 实现单独判断控制供电。M_3 为液压泵电动机，由 KM_2 的主触点控制。

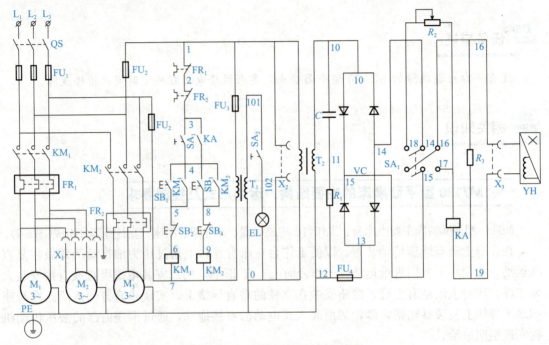

图 5-8　平面磨床电气控制电路图

1. 控制电路

合上电源开关 QS，若转换开关 SA_1 处于工作位置，当电源电压正常时，欠电流继电器 KA 触点(3—4)接通，若 SA_1 处于去磁位置，SA_1(3—4)接通，便可进行操作。

(1)砂轮电动机 M_1 的控制。启动过程为：按下 SB_1，SB_1(4—5)—KM_1 接通—M_1 启动；停止过程：按下 SB_2，SB_2(5—6)—KM_1 断开—M_1 停止。

(2)冷却泵电动机 M_2 的控制。M_2 由于通过插座 X_1 与 KM_1 主触点相连，因此 M_2 与砂轮电动机 M_1 联锁控制，都由 SB_1 和 SB_2 操作。若运行中 M_1 或 M_2 过载，触点 FR_1(1—2)动作，FR_1 起保护作用。

(3)液压泵电动机 M_3 的控制。启动过程：按下 SB_3，SB_3(4—8)—KM_2 接通—M_3 启动；停止过程：按下 SB_4，SB_4(8—9)—KM_2 断开—M_3 停止。过载时：FR_2(2—3)断开—KM_2 断开—M_3 停止，FR_2 起保护作用。

2. 电磁吸盘结构原理

电磁吸盘与机械夹紧装置相比，具有夹紧迅速、不损伤工件、工作效率高、能同时吸持多个小工件、加工过程中工件发热可以自由伸延、加工精度高等优点。但也有夹紧力不如机械夹得紧，调节不便，需用直流电源供电，不能吸持非磁性材料工件等缺点。

电磁吸盘控制电路如图 5-8 所示，它由整流装置、控制装置及保护装置等部分组成。电磁吸盘整流装置由整流变压器 T_2 与桥式全波整流器 VC 组成，输出 110 V 直流电压对电磁吸盘供电。

电磁吸盘集中由 SA_1 控制。SA_1 的位置及触点闭合情况如下：

充磁：触点 14—16、15—17 接通，电流通路：15—17—KA—19—YH—16—14。

断电：所有触点都断开。

退磁：触点 14—18、15—16、3—4（调整）接通，通路：15—16—YH—19—KA—R_2—18—14。

当 SA_1 置于"充磁"位置时，电磁吸盘 YH 获得 110 V 直流电压，其极性 19 号线为正极，16 号线为负极，同时欠电流继电器 KA 与 YH 串联，若吸盘电流足够大，则 KA 动作，KA(3—4)反映电磁吸盘吸力足以将工件吸牢，这时可分别操作按钮 SB_1 与 SB_3，启动 M_1 与 M_3，进行磨削加工。当加工完成时按下停止按钮 SB_2 与 SB_4，电动机 M_1、M_2 与 M_3 停止旋转。

为便于从吸盘上取下工件，需对工件进行退磁，其方法是将开关 SA_1 扳至"退磁"位置。当 SA_1 扳至"退磁"位置时，电磁吸盘中通入反向电流，并在电路中串入可变电阻 R_2，用以调节、限制反向去磁电流大小，达到既退磁又不致反向磁化的目的。退磁结束将 SA_1 拨到"断电"位置，即可取下工件。若工件对去磁要求严格，在取下工件后，还要用交流去磁器进行处理。交流去磁器是平面磨床的一个附件，使用时，将交流去磁器插头插在床身的插座 X_2 上，再将工件放在去磁器上适当地来回移动即可去磁。

3. 保护及其他环节

(1)电磁吸盘的欠电流保护。为了防止平面磨床在磨削过程中出现断电事故或吸盘电流减小，致使电磁吸盘失去吸力或吸力减小，造成工件飞出，引起工件损坏或人身事故，故在电磁吸盘线圈电路中串入欠电流继电器 KA，只有当直流电压符合要求，吸盘具有足够吸力时，KA 才能吸合，KA(3—4)触点接通，为启动电动机做准备。否则不能开动磨床进行加工。若已在磨削加工中，则 KA 因电流过小而释放，触点 KA(3—4)断开，使得 KM_1、KM_2 断开，M_1 停止，避免事故发生。

(2)电磁吸盘线圈 YH 的过电压保护。电磁吸盘线圈匝数多，电感大，通电工作时存储大量磁场能量。当线圈断电时在线圈两端将产生高电压，可能使线圈绝缘及其他电气设备损坏。为此，该机床在线圈两端并联了电阻 R_3 作为放电电阻。

(3)电磁吸盘的短路保护。在整流变压器 T_2 的二次侧或整流装置输出端装有熔断器作短路保护。

(4)其他保护。在整流装置中还设有 RC 串联支路并联在 T_2 二次侧，用以吸收交流电路产生过电压和直流侧电路通断时在 T_2 二次侧产生浪涌电压，实现整流装置过电压保护。

FU_1 对电动机进行短路保护，FR_1 对 M_1 进行过载保护，FR_2 对 M_3 进行过载保护。

(5)照明电路。由照明变压器 T_1 将 380 V 降为 24 V，并由开关 SA_2 控制照明灯 EL。在 T_1 一次侧装有熔断器 FU_3 做短路保护。

三、M7130 型平面磨床电气电路典型故障的分析与检修

1. 3 台电动机都不能启动

(1)欠电流继电器 KA 的常开触点接触不良和转换开关 QS_2（L_2 的 QS 开关)的触点

(3—4)接触不良、接线松脱或有油垢。检修故障时，应将转换开关 SA₁ 扳至"吸合"位置，检查欠电流继电器 KA 常开触点的接通情况，不通则修理或更换元件，就可排除故障。否则，将转换开 SA₁ 扳到"退磁"位置，拔掉电磁吸盘插头，检查 SA₁ 的触点通断情况，若不通则修理或更换转换开关。

(2)若 KA 和 QS₂ 的触点无故障，电动机仍不能启动，可检查热继电器 FR₁、FR₂ 常闭触点是否动作或接触不良。

2. 电磁吸盘无吸力

(1)用万用表测三相电源电压是否正常。若电源电压正常，再检查熔断器 FU₁、FU₂、FU₄ 有无熔断现象。常见的故障是熔断器 FU₄ 熔断，电磁吸盘电路断开，使吸盘无吸力。

(2)如果检查整流器输出空载电压正常，而接上吸盘后，输出电压下降不大，欠电流继电器 KA 不动作，吸盘无吸力，则依次检查电磁吸盘 YH 的线圈、接插器 X₂、欠电流继电器 KA 的线圈有无断路或接触不良的现象。检修故障时，可使用万用表测量各点电压，查出故障元件，进行修理或更换，即可排除故障。

3. 电磁吸盘吸力不足

引起这种故障的原因是电磁吸盘损坏或整流器输出电压不正常。电磁吸盘的电源电压由整流器 VC 供给。空载时，整流器直流输出电压应为 130～140 V，负载时不应低于 110 V。若整流器空载输出电压正常，带负载时电压远低于 110 V，则表明电磁吸盘线圈已短路，短路点多发生在线圈各绕组间的引线接头处。这是由于吸盘密封不好，切削液流入，引起绝缘损坏，造成线圈短路。若短路严重，过大的电流会使整流元件和整流变压器烧坏。出现这种故障，必须更换电磁吸盘线圈，并且要处理好线圈绝缘，安装时要完全密封好。

若电磁吸盘电源电压不正常，多是整流元件短路或断路造成的。应检查整流器 VC 的交流侧电压及直流侧电压。若交流侧电压正常，直流输出电压不正常，则表明整流器发生元件短路或断路故障。如某一桥臂的整流二极管发生断路，将使整流输出电压降低到额定电压的一半；若两个相邻的二极管都断路，则输出电压为零。排除此类故障时，可用万用表测量整流器的输出及输入电压，判断出故障部位，查出故障元件，进行更换或修理即可。

4. 电磁吸盘退磁不好使工件取下困难

(1)退磁电路断路，根本没有退磁。

①检查转换开关 QS₂ 接触是否良好。

②退磁电阻 R_2 是否损坏。

(2)退磁电压过高。应调整电阻 R_2，使退磁电压调至 5～10 V。

(3)退磁时间太长或太短。对于不同材质的工件，所需的退磁时间不同，注意掌握好退磁时间。

5. 砂轮电动机的热继电器 FR₁ 经常脱扣

(1)砂轮电动机 M₁ 为装入式电动机，它的前轴承是铜瓦，易磨损。磨损后易发生堵转现象，使电流增大，导致热继电器脱扣。若是这种情况，应修理或更换轴瓦。

(2)砂轮进刀量太大，电动机超负荷运行，造成电动机堵转，电流急剧上升，热继电器脱扣。因此，工作中应选择合适的进刀量，防止电动机超载运转。

（3）更换后的热继电器规格选得太小或整定电流没有重新调整，使电动机末达到额定负载时，热继电器就已脱扣。因此，应注意热继电器必须按其被保护电动机的定电流进行选择和调整。

6. 冷却泵电动机烧坏

（1）切削液进入电动机，造成匝间或绕组间短路，使电流增大。

（2）反复修理冷却泵电动机后，使电动机端盖轴隙增大，造成转子在定子内不同心，工作时电流增大，电动机长时间过载运行。

（3）冷却泵被杂物塞住引起电动机堵转，电流急剧上升。由于该磨床的砂轮电动机与冷却泵电动机共用一个热继电器FR₁，而且两者容量相差太大，当发生以上故障时，电流增大不足以使热继电器FR₁脱扣，从而造成冷却泵电动机烧坏。若给冷却泵电动机加装热继电器，就可以避免发生这种故障。

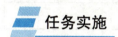 **任务实施**

**磨床电气控制
电路故障检测**

一、工具、仪表、器材

（1）工具：螺钉旋具（一字、十字）、剥线钳、尖嘴钳、钢丝钳等常用电工工具，每人一套。

（2）仪表：万用表、绝缘电阻表、钳形电流表，每人各一块。

（3）器材：M7130型平面磨床或M7130型平面磨床模拟电气控制柜。

二、实施步骤

（1）说明该机床的主要结构、运动形式及控制要求。

（2）说明该机床工作原理。

（3）说明该机床电气元器件的分布位置和走线情况。

（4）人为设置多个故障，学生根据故障现象，在规定的时间内按照正确的检测步骤进行诊断、排除故障，将故障现象以及排除方法填入表中（表5-8）。

表5-8　故障现象记录表

序号	故障现象	故障排除
1		
2		
3		
4		
5		
6		

（5）学习评价（表 5-9）。

表 5-9　学习评价表

项目	总分	评分细则	得分
故障现象	20	观察不出故障现象，每个扣 10 分	
故障分析	40	分析和判断故障范围，每个故障占 20 分； 故障范围判断不正确，每个扣 10 分	
故障排除	20	不能排除故障，每个扣 20 分	
安全文明生产	20	每违反一次，扣 10 分，不能正确使用仪表，扣 10 分； 拆卸无关的元器件、导线端子，每次扣 5 分； 违反电气安全操作规程，扣 5 分	
合计			

任务五　　T68 卧式镗床电气电路故障检修

任务描述

现有一台 Z3040 型摇臂钻床出现故障，要求维修电工在规定时间内排除故障。

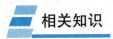

相关知识

一、T68 卧式镗床的主要结构及运动形式

T68 卧式镗床结构如图 5-9 所示。

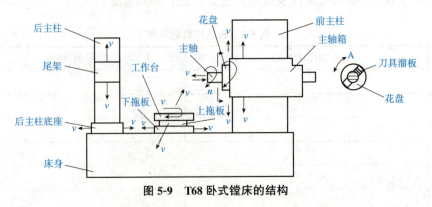

图 5-9　T68 卧式镗床的结构

（1）主运动。镗杆（主轴）旋转或平旋盘（花盘）旋转。

（2）进给运动。主轴轴向（进、出）移动、主轴箱（镗头架）的垂直（上、下）移动、花盘刀具溜板的径向移动、工作台的纵向（前、后）和横向（左、右）移动。

（3）辅助运动。工作台的旋转运动、后立柱的水平移动和尾架垂直移动。

主体运动和各种常速进给由主轴电动机驱动，但各部分的快速进给运动是由快速进给电动机驱动。

二、电气控制线路的分析

T68卧式镗床电气原理图如图5-10所示。

（1）因机床主轴调速范围较大，且恒功率，主轴与进给电动机1M采用△/YY双速电动机。低速时，$1U_1$、$1V_1$、$1W_1$接三相交流电源，$1U_2$、$1V_2$、$1W_2$悬空，定子绕组接成三角形，每相绕组中两个线圈串联，形成的磁极对数$p=2$；高速时，$1U_1$、$1V_1$、$1W_1$短接，$1U_2$、$1V_2$、$1W_2$端接电源，电动机定子绕组连接成双星形（YY），每相绕组中的两个线圈并联，磁极对数$p=1$。高、低速的变换，由主轴孔盘变速机构内的行程开关SQ_7控制，其动作说明见表5-10。

表5-10　主电动机高、低速变换行程开关动作说明

触点	主电动机低速	主电动机高速
SQ_7（11—12）	关	开

（2）主电动机1M可正、反转连续运行，也可点动控制，点动时为低速。主轴要求快速准确制动，故采用反接制动，控制电器采用速度继电器。为限制主电动机的启动和制动电流，在点动和制动时，定子绕组串入电阻R。

（3）主电动机低速时直接启动。高速运行是由低速启动延时后再自动转成高速运行的，以减小启动电流。

（4）在主轴变速或进给变速时，主电动机需要缓慢转动，以保证变速齿轮进入良好啮合状态。主轴和进给变速均可在运行中进行，变速操作时，主电动机便做低速断续冲动，变速完成后又恢复运行。主轴变速时，电动机的缓慢转动是由行程开关SQ_3和SQ_5，进给变速时是由行程开关SQ_4和SQ_6以及速度继电器KS共同完成的，见表5-11。

表5-11　主轴变速和进给变速时行程开关动作说明

位置 触点	变速孔盘拉出 （变速时）	变速后变速 孔盘推回	位置 触点	变速孔盘拉出 （变速时）	变速后变速 孔盘推回
SQ_3（4—9）	−	+	SQ_4（9—10）	−	+
SQ_3（3—13）	+	−	SQ_4（3—13）	+	−
SQ_5（15—14）	+	−	SQ_6（15—14）	+	−
注：表中"+"表示接通；"−"表示断开。					

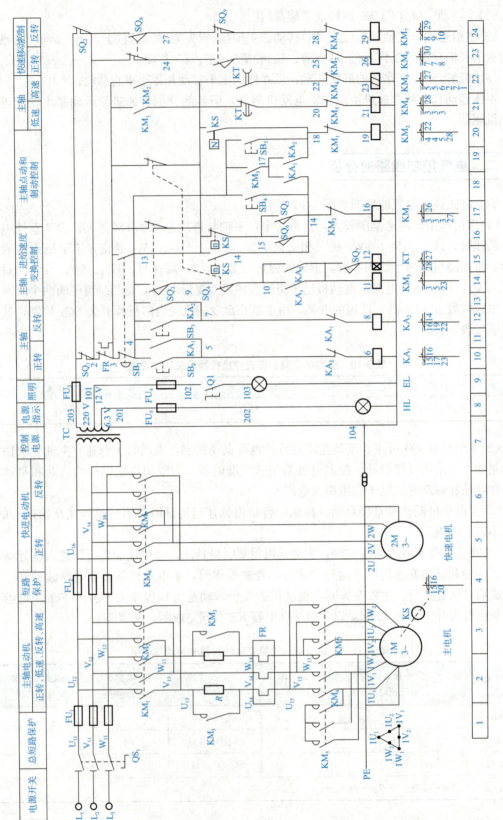

图5-10 T68卧式镗床电气原理图

三、T68 卧式镗床电气原理图分析

1. 主电动机的启动控制

(1) 主电动机的点动控制。主电动机的点动有正向点动和反向点动，分别由按钮 SB_4 和 SB_5 控制。按 SB_4，接触器 KM_1 线圈通电吸合，KM_1 的辅助常开触点(3—13)闭合，使接触器 KM_4 线圈通电吸合，三相电源经 KM_1 的主触点，电阻 R 和 KM_4 的主触点接通主电动机 1M 的定子绕组，接法为三角形连接，使电动机在低速下正向旋转。松开 SB_4，主电动机断电停止。

反向点动与正向点动控制过程相似，由按钮 SB_5，接触器 KM_2、KM_4 来实现。

(2) 主电动机的正、反转控制。当要求主电动机正向低速旋转时，行程开关 SQ_7 的触点(11—12)处于断开位置，主轴变速和进给变速用行程开关 SQ_3(4—9)、SQ_4(9—10)均为闭合状态。按 SB_2，中间继电器 KA_1 线圈通电吸合，它有 3 对常开触点，KA_1 常开触点(4—5)闭合自锁；KA_1 常开触点(10—11)闭合，接触器 KM_3 线圈通电吸合，KM_3 主触点闭合，电阻 R 短接；KA_1 常开触点(17—14)闭合和 KM_3 的辅助常开触点(4—17)闭合，使接触器 KM_1 线圈通电吸合，并将 KM_1 线圈自锁。KM_1 的辅助常开触点(3—13)闭合，接通主电动机低速用接触器 KM_4 线圈，使其通电吸合。由于接触器 KM_1、KM_3、KM_4 的主触点均闭合，故主电动机在全电压、定子绕组三角形连接下直接启动，低速运行。

当要求主电动机为高速旋转时，行程开关 SQ_7 的触点(11—12)、SQ_3(4—9)、SQ_4(9—10)均处于闭合状态。按 SB_2 后，一方面 KA_1、KM_3、KM_1、KM_4 的线圈相继通电吸合，使主电动机在低速下直接启动；另一方面由于 SQ_7(11—12)的闭合，使时间继电器 KT(通电延时式)线圈通电吸合，经延时后，KT 的通电延时断开的常闭触点(13—20)断开，KM_4 线圈断电，主电动机的定子绕组脱离三相电源，而 KT 的通电延时闭合的常开触点(13—22)闭合，使接触器 KM_5 线圈通电吸合，KM_5 的主触点闭合，将主电动机的定子绕组接成双星形后，重新接到三相电源，故从低速启动转为高速旋转。

主电动机的反向低速或高速的启动旋转过程与正向启动旋转过程相似，但是反向启动旋转所用的电器为按钮 SB_3，中间继电器 KA_2，接触器 KM_3、KM_2、KM_4、KM_5，时间继电器 KT。

2. 主电动机的反接制动的控制

当主电动机正转时，速度继电器 KS 正转，常开触点 KS(13—18)闭合，而正转的常闭触点 KS(13—15)断开。主电动机反转时，KS 反转，常开触点 KS(13—14)闭合，为主电动机正转或反转停止时的反接制动做准备。按停止按钮 SB_1 后，主电动机的电源反接，迅速制动，转速降至速度继电器的复位转速时，其常开触点断开，自动切断三相电源，主电动机停转。具体的反接制动过程如下所述。

(1) 主电动机正转时的反接制动。设主电动机为低速正转时，电器 KA_1、KM_1、KM_3、KM_4 的线圈通电吸合，KS 的常开触点 KS(13—18)闭合。按 SB_1，SB_1 的常闭触点(3—4)先断开，使 KA_1、KM_3 线圈断电，KA_1 的常开触点(17—14)断开，又使 KM_1 线圈断电，一方面使 KM_1 的主触点断开，主电动机脱离三相电源，另一方面使 KM_1(3—13)分断，

使 KM_4 断电；SB_1 的常开触点（3—13）随后闭合，使 KM_4 重新吸合，此时主电动机由于惯性转速还很高，KS（13—18）仍闭合，故使 KM_2 线圈通电吸合并自锁，KM_2 的主触点闭合，使三相电源反接后经电阻 R、KM_4 的主触点接到主电动机定子绕组，进行反接制动。当转速接近零时，KS 正转常开触点 KS（13—18）断开，KM_2 线圈断电，反接制动完毕。

（2）主电动机反转时的反接制动。反转时的制动过程与正转制动过程相似，但是所用的电器是 KM_1、KM_4、KS 的反转常开触点（13—14）。

主电动机工作在高速正转及高速反转时的反接制动过程可自行分析。在此仅指明，高速正转时反接制动所用的电器是 KM_2、KM_4、KS（13—18）触点；高速反转时反接制动所用的电器是 KM_1、KM_4、KS（13—14）触点。

3. 主轴或进给变速时主电动机的缓慢转动控制

主轴或进给变速既可以在停车时进行，又可以在镗床运行中变速。为使变速齿轮更好地啮合，可接通主电动机的缓慢转动控制电路。

当主轴变速时，将变速孔盘拉出，行程开关 SQ_3 常开触点 SQ_3（4—9）断开，接触器 KM_3 线圈断电，主电路中接入电阻 R，KM_3 的辅助常开触点（4—17）断开，使 KM_1 线圈断电，主电动机脱离三相电源。所以，该机床可以在运行中变速，主电动机能自动停止。旋转变速孔盘，选好所需的转速后，将孔盘推入。在此过程中，若滑移齿轮的齿和固定齿轮的齿发生顶撞时，则孔盘不能推回原位，行程开关 SQ_3、SQ_5 的常闭触点 SQ_3（3—13）、SQ_5（15—14）闭合，接触器 KM_1、KM_4 线圈通电吸合，主电动机经电阻 R 在低速下正向启动，接通瞬时点动电路。主电动机转动转速达某一值时，速度继电器 KS 正转常闭触点 KS（13—15）断开，接触器 KM_1 线圈断电，而 KS 正转常开触点 KS（13—18）闭合，使 KM_2 线圈通电吸合，主电动机反接制动。当转速降到 KS 的复位转速后，则 KS 常闭触点 KS（13—15）又闭合，常开触点 KS（13—18）又断开，重复上述过程。这种间歇的启动、制动，使主电动机缓慢旋转，以利于齿轮的啮合。若孔盘退回原位，则 SQ_3、SQ_5 的常闭触点 SQ_3（3—13）、SQ_5（15—14）断开，切断缓慢转动电路。SQ_3 的常开触点 SQ_3（4—9）闭合，使 KM_3 线圈通电吸合，其常开触点（4—17）闭合，又使 KM_1 线圈通电吸合，主电动机在新的转速下重新启动。

进给变速时的缓慢转动控制过程与主轴变速相同，不同的是使用的电器是行程开关 SQ_4、SQ_6。

4. 主轴箱、工作台或主轴的快速移动

该机床各部件的快速移动，由快速手柄操纵快速移动电动机 $2M$ 拖动完成的。当快速手柄扳向正向快速位置时，行程开关 SQ_9 被压动，接触器 KM_6 线圈通电吸合，快速移动电动机 $2M$ 正转。同理，当快速手柄扳向反向快速位置时，行程开关 SQ_8 被压动，KM_7 线圈通电吸合，$2M$ 反转。

5. 主轴进刀与工作台联锁

为防止镗床或刀具的损坏，主轴箱和工作台的机动进给，在控制电路中必须互联锁，不能同时接通，它是由行程开关 SQ_1、SQ_2 实现。若同时有两种进给时，SQ_1、SQ_2 均被压动，切断控制电路的电源，避免机床或刀具的损坏。

四、T68 卧式镗床电气电路典型故障的分析与检修

（1）主轴的转速与转速指示牌不符。

这种故障一般有两种现象：一种是主轴的实际转速比标牌指示数提高一倍或降低一半；另一种是电动机的转速没有高速挡或者没有低速挡。这两种故障现象，前者大多由于安装调整不当引起，因为 T68 卧式镗床有 18 种转速，是采用双速电动机和机械滑移齿轮来实现的。变速后，1、2、4、6、8、…挡是电动机以低速运转驱动，而 3、5、7、9、…挡是电动机以高速运转驱动。主轴电动机的高低速转换是靠微动开关 SQ_7 的通断来实现，微动开关 SQ_7 安装在主轴调速手柄的旁边，主轴调速机构转动时推动一个撞钉，撞钉推动簧片使微动开关 SQ_7 通或断，如果安装调整不当，使 SQ_7 动作恰恰相反，则会发生主轴的实际转速比标牌指示数提高一倍或降低一半。

后者的故障原因较多，常见的是时间继电器 KT 不动作，或微动开关 SQ_7 安装的位置移动，造成 SQ_7 始终处于接通或断开的状态等。如 KT 不动作或 SQ_7 始终处于断开状态，则主轴电动机 1M 只有低速；若 SQ_7 始终处于接通状态，则 1M 只有高速。但要注意，如果 KT 虽然吸合，但由于机械卡住或触点损坏，使常开触点不能闭合，则 1M 也不能转换到高速挡运转，而只能在低速挡运转。

（2）主轴变速手柄拉出后，主轴电动机不能冲动。

产生这一故障一般有两种现象：一种是变速手柄拉出后，主轴电动机 1M 仍以原来转向和转速旋转；另一种是变速手柄拉出后，1M 能反接制动，但制动到转速为零时，不能进行低速冲动。产生这两种故障现象的原因，前者多数是由于行程开关 SQ_3 的常开触点（4—9）由于质量等原因绝缘被击穿造成，而后者则由于行程开关 SQ_3 和 SQ_5 的位置移动、触点接触不良等，使触点 SQ_3（3—13）、SQ_5（14—15）不能闭合或速度继电器的常闭触点 KS（13—15）不能闭合所致。

（3）主轴电动机 1M 不能进行正反转点动、制动及主轴和进给变速冲动控制。

这种故障往往在上述各种控制电路的公共回路上出现。如果不能进行低速运行，则故障可能在控制线路 13—20—21—0 中有断开点，否则，故障可能在主电路的制动电阻 R 及引线上有断开点，若主电路仅断开一相电源时，电动机还会伴有缺相运行时发出的嗡嗡声。

（4）主轴电动机正转点动、反转点动正常，但不能正反转。

故障可能在控制线路 4—9—10—11—KM_3 线圈—0 中有断开点。

（5）主轴电动机正转、反转均不能自锁。

故障可能在 4—KM_3（4—17）常开触点—17 中。

（6）主轴电动机不能制动。

可能原因如下：

①速度继电器损坏。

②SB_1 中的常开触点接触不良。

③3、13、14、16 号线中有脱落或断开。

④KM_2（14—16）、KM_1（18—19）触点不通。

（7）主轴电动机点动、低速正反转及低速转制动均正常，但高、低速转向相反，且当主轴电动机高速运行时，不能停机。

可能的原因是误将三相电源在主轴电动机高速和低速运行时，都接成同相序所致，因此把 $1U_2$、$1V_2$、$1W_2$ 中任两根对调即可。

(8)不能快速进给。

故障可能在 2—24—25—26—KM_6 线圈—0 中有开路。

 **任务实施**

一、工具、仪表、器材

(1)工具：螺钉旋具(一字、十字)、剥线钳、尖嘴钳、钢丝钳等常用电工工具，每人一套。

(2)仪表：万用表、绝缘电阻表、钳形电流表，每人各一块。

(3)器材：T68 卧式镗床模拟电气控制柜。

二、实施步骤

(1)说明该机床的主要结构、运动形式及控制要求。

(2)说明该机床工作原理。

(3)说明该机床电气元器件的分布位置和走线情况。

(4)人为设置多个故障，学生根据故障现象，在规定的时间内按照正确的检测步骤进行诊断，将故障现象以及排除方法填入表中(表 5-12)。

表 5-12　故障现象记录表

序号	故障现象	故障排除
1		
2		
3		
4		
5		
6		

(5)学习评价(表 5-13)。

表 5-13　学习评价表

项目	总分	评分细则	得分
故障现象	20	观察不出故障现象，每个扣 10 分	
故障分析	40	分析和判断故障范围，每个故障，占 20 分； 故障范围判断不正确，每个扣 10 分	
故障排除	20	不能排除故障，每个扣 20 分	

项目	总分	评分细则	得分
安全文明生产	20	每违反一次，扣 10 分，不能正确使用仪表，扣 10 分； 拆卸无关的元器件、导线端子，每次扣 5 分 违反电气安全操作规程，扣 5 分	
合计			

问 题 思 考

1. CA6140 型车床的主轴电动机因过载而自动停车后，操作者立即按启动按钮，但电动机不能启动，试分析可能的原因。

2. CA6140 型车床主轴电动机缺一相运行，会出现什么现象？

3. 为什么 X62W 型铣床工作台进给运动没有采取制动措施？

4. X62W 型铣床工作台能纵向(左右)进给，但不能横向(前后)和垂直(上下)进给，试分析故障原因。

5. X62W 型铣床电路中有哪些联锁与保护？为什么要设置这些联锁与保护？它们是如何实现的？

6. Z3040 型摇臂钻床若在摇臂未完全夹紧时断电，则恢复供电时会出现什么现象？

7. Z3040 型摇臂钻床为何设置时间继电器？

8. M7130 型平面磨床用电磁吸盘来夹持工件有什么好处？电磁吸盘线圈为何要用直流线圈而不用交流线圈？

9. M7130 型平面磨床控制电路中欠电流继电器 KA 起什么作用？

10. T68 卧式镗床是如何实现变速时的连续反复低速冲动的？

 知识拓展

在平凡中非凡，在尽头处超越

"你是兄弟，是老师，是院士，是这个时代的中流砥柱。表里如一，坚固耐压，鬼斧神工，在平凡中非凡，在尽头处超越，这是你的人生，也是你的杰作"。这是感动中国节目组委会给予获奖者李万君的颁奖词。

李万君能够在众多"大国工匠"中脱颖而出赢得"感动中国 2016 年度人物"殊荣，是因为他身上有着其他人所没有的特质。为了一气呵成完成结构复杂的高速动车转向架焊接，他不仅吃饭吃半饱，还放弃了自己喜欢的汽水。因为一旦返气打嗝，所有的工作都意味着前功尽弃。就是这样一个姿势，李万君用高超的焊接技术完成了目前世界范围内机械手都无法焊接完成的工作。也是这样一个姿势，李万君保持了 30 余年，如今他已拥有一枪完成转向架环扣焊接的"绝活"。随后这种焊接法被称为"环口焊接七步操作法"，连法国专家都赞不绝口。值得骄傲的是，如今世界上掌握这种焊接法的只有我们中国。

如果没有攻坚克难的工作劲头，那么李万君也绝不会发明"环口焊接七步操作法"；如果没有"环口焊接七步操作法"，那么我国高铁的发展速度就不会像今天一样所向披靡。李万君正是当代"工匠精神"的完美化身。如今，越来越多人在提倡"工匠精神"，可是"差不多"先生依然比比皆是。精益求精的工作态度，吃苦耐劳的工作精神并没有因"工匠精神"热潮而深入每一位操作工的实际行动。

　　"一花独放不是春，万紫千红春方在"。在李万君看来，仅仅他一个人掌握"环口焊接七步操作法"是不够的。如今在李万君的指导下，该操作法已成为生产车间里人人必须要掌握的"独门绝技"。高品质、高效率，也让中车长客股份公司在转向架的生产上遥遥领先。

　　与大多数人相比，李万君愿意将自己刻苦钻研的操作法分享给车间的每一个人。这种爱是无私的，更是伟大的。在面对教授技术时，有的人会抱着"教会徒弟饿死师傅"生存法则，保留自己的"独门绝技"，那么高技术全能人才的人数将会不断减少。试想下，如果我国机床行业人才的技能水平都能一样高，那么我国数控机床产业的发展速度将提高一倍以上。中车长客股份公司之所以能够成为我国高铁转向架生产商的佼佼者，是因为他们的"李万君"是层出不穷的。

　　1988 年，李万君来到中车长客股份公司的前身长春客车厂。刺耳的打磨声、刺鼻的焊烟味让 28 个年轻小伙离开了 25 个。而李万君坚持下来了，他决定要做个像样的技术工人。为了实现这份梦想，李万君在日常工作中总是比别人多焊接 20 个。就这样，李万君的技术水平不断上升，在当时的水箱班创造了"千个水箱无泄漏，万米焊缝无缺陷"的奇迹。显而易见，他做到了，甚至完成得更好。

　　不仅如此，面对日本船厂的高薪挽留和新加坡专家的全家移民诱惑，李万君依然选择拒绝。李万君说"我的技术是长客培养的，是党培养的，是属于中国高铁的，所以我不能走。"不忘初心，一心为国。这就是李万君，也是我国众多技术工人所要学习的榜样。

 职业链接

维修电工职业资格证书(中级)知识技能标准

职业功能	工作内容	技能要求	相关知识
一、工作前准备	(一)工具、量具及仪器	可以根据工作内容正确选用仪器、仪表	常用电工仪器、仪表的种类、特点及适用范围
	(二)读图与分析	可以读懂 X62W 铣床、MGB1420 磨床等较复杂的机械设备的电气控制原理图	1. 常用较复杂机械设备的电气控制线路图； 2. 较复杂电气图的读图方法
二、装调与维修	(一)电气故障检修	1. 可以正确使用示波器、电桥、晶体管图示仪； 2. 可以正确分析、检修、排除 55 kW 以下的交流异步电动机、60 kW 以下的直流电动机及各种特种电动机的故障； 3. 可以正确分析、检修、排除交磁电动机扩大机、X62W 铣床、MGB1420 磨床等机械设备控制系统的电路及电气故障	1. 示波器、电桥、晶体管图示仪的使用方法及考前须知； 2. 直流电动机及各种特种电动机的构造、工作原理和使用与拆装方法； 3. 交磁电动机扩大机的构造、原理、使用方法及控制电路方面的知识； 4. 单相晶闸管交流技术

职业功能	工作内容	技能要求	相关知识
二、装调与维修	(二)配线与安装	1. 可以按图样要求进行较复杂机械设备的主、控线路配电板的配线(包括选择电器元件、导线等),以及整台设备的电气安装工作; 2. 可以按图样要求焊接晶闸管调速器、调功器电路,并用仪器、仪表进行测试	明、暗电线及电器元件的选用知识
	(三)测绘	可以测绘一般复杂程度机械设备的电气局部	电气测绘根本方法
	(四)调试	可以独立进行 X62W 铣床、MGB1420 磨床等较复杂机械设备的通电工作,并能正确处理调试中出现的问题,经过测试、调整,最后达到控制要求	较复杂机械设备电气控制调试方法

维修电工职业资格证书强化习题

1. 机床的电气连接时,元器件上端子的接线用剥线钳剪切出适当长度,剥出接线头,除锈,然后镀锡,(   ),接到接线端子上用螺钉拧紧即可。

　　A. 套上号码套管　　　　　　　　　　B. 测量长度

　　C. 整理线头　　　　　　　　　　　　D. 清理线头

2. 机床的电气连接时,所有接线应(   )。

　　A. 连接可靠,不得松动　　　　　　　B. 长度合适,不得松动

　　C. 整齐,松紧适度　　　　　　　　　D. 除锈,可以松动

3. X6132 型万能铣床主轴启动时,将换向开关 SA_3 拨到标示牌所指示的正转或反转位置,再按按钮 SB_3 或(   ),主轴旋转的转向要正确。

　　A. SB_1　　　　　　B. SB_2　　　　　　C. SB_4　　　　　　D. SB_5

4. CA6140 型车床三相交流电源通过电源开关引入端子板,并分别接到接触器 KM_1 上和熔断器 FU_1,从接触器 KM_1 出来后接到热继电器 FR_1 上,并与电动机(   )相连接。

　　A. M_1　　　　　　B. M_2　　　　　　C. M_3　　　　　　D. M_4

5. CA6140 型车床控制线路的电源是通过变压器 TC 引入熔断器 FU_2,经过串联在一起的热继电器 FR_1 和(   )的辅助触点接到端子板 6 号线。

　　A. FR_1　　　　　　B. FR_2　　　　　　C. FR_3　　　　　　D. FR_4

6. 当 X6132 型万能铣床工作台不能快速进给时,检查接触器 KM_2 是否吸合,如果已吸合,则应检查(   )。

　　A. KM_2 的线圈是否断线

　　B. 电磁铁 YC_3 线圈是否断路

　　C. 快速按钮 SB_5 的触点是否接触不良

　　D. 快速按钮 SB_6 的触点是否接触不良

7. X6132 型万能铣床线路左、右侧配电箱控制板时,油漆干后,固定好接触器、(   )、

熔断器、变压器、整流电源和端子等。

    A. 电流继电器   B. 热继电器

    C. 中间继电器   D. 时间继电器

8. X6132 型万能铣床主轴启动后，若将快速按钮 SB_5 或（　　）按下，接通接触器 KM_2 线圈电源，接通 YC_3 快速离合器，并切断 YC_2 进给离合器，工作台按原运动方向做快速移动。

    A. SB_3 B. SB_4 C. SB_2 D. SB_6

9. X6132 型万能铣床控制电路中，机床照明由照明变压器供给，照明灯本身由（　　）控制。

    A. 主电路   B. 控制电路   C. 开关   D. 无专门

10. 在 MGB1420 万能磨床的冷却泵电动机控制回路中，接通电源开关 QS_1 后，220 V 交流控制电压通过开关 SA_2 控制接触器（　　），从而控制液压泵、冷却泵电动机。

    A. KM_1 B. KM_2 C. KM_3 D. KM_4

11. 在 MGB1420 万能磨床的内外磨砂轮电动机控制回路中，接通电源开关 QS_1，220 V 交流控制电压通过开关 SA_3 控制接触器（　　）的通断，达到内外磨砂轮电动机的启动和停止。

    A. KM_1 B. KM_2 C. KM_3 D. KM_4

12. 在 MGB1420 万能磨床的工件电动机控制回路中，M 的启动、点动及停止由主令开关（　　）控制中间继电器 KA_1、KA_2 来实现。

    A. SA_1 B. SA_2 C. SA_3 D. SA_4

13. 当 X6132 型万能铣床主轴电动机已启动，而进给电动机不能启动时，接触器 KM_3 或 KM_4 已吸合，但进给电动机还不转，则应检查（　　）。

    A. 转换开关 SA_1 是否有接触不良现象

    B. 接触器的联锁辅助触点是否接触不良

    C. 限位开关的触点接触是否良好

    D. 电动机 M_3 的进线端电压是否正常

14. 当 X6132 型万能铣床工作台不能快速进给，检查接触器 KM_2 是否吸合，如果已吸合，则应检查（　　）。

    A. KM_2 的线圈是否断线

    B. 电磁铁 YC_3 线圈是否断路

    C. 快速按钮 SB_5 的触点是否接触不良

    D. 快速按钮 SB_6 的触点是否接触不良

15. 车削加工时，由于刀具及工件温度过高，有时需要冷却，故配有冷却泵电动机，冷却泵电动机的启动在（　　）。

    A. 主轴电动机启动前   B. 主轴电动机启动后

    C. 主轴电动机启动前后都可以   D. 特殊情况下才需要启动

习题答案

参 考 文 献

[1] 王秀丽，李瑞福. 电机控制及维修[M]. 北京：化学工业出版社，2012.
[2] 李瑞福. 工厂电气控制技术[M]. 北京：化学工业出版社，2010.
[3] 赵红顺. 电气控制技术实训[M]. 2版. 北京：机械工业出版社，2019.
[4] 朱平. 电工技术实训[M]. 2版. 北京：机械工业出版社，2011.
[5] 周元一. 电机与电气控制[M]. 北京：机械工业出版社，2006.
[6] 胡家炎. 电力拖动实验[M]. 北京：电子工业出版社，2015.
[7] 毛永明. 电机与拖动实验教程[M]. 北京：人民邮电出版社，2013.